环保进行时丛书

建设绿色城市

JIANSHE LÜSE CHENGSHI

主编：张海君

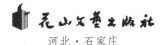
花山文艺出版社

河北·石家庄

图书在版编目（CIP）数据

建设绿色城市 / 张海君主编.—石家庄 ：花山文
艺出版社，2013.4（2022.3重印）

（环保进行时丛书）

ISBN 978-7-5511-0937-6

Ⅰ.①建… Ⅱ.①张… Ⅲ.①城市环境－环境保护－
青年读物②城市环境－环境保护－少年读物 Ⅳ.
①X21-49

中国版本图书馆CIP数据核字(2013)第081357号

丛 书 名：环保进行时丛书
书 　 名：建设绿色城市
主 　 编：张海君

责任编辑：梁东方
封面设计：慧敏书装
美术编辑：胡彤亮
出版发行：花山文艺出版社（邮政编码：050061）
　　　　　（河北省石家庄市友谊北大街 330号）

销售热线：0311-88643221
传 　 真：0311-88643234
印 　 刷：北京一鑫印务有限责任公司
经 　 销：新华书店
开 　 本：880×1230　1/16
印 　 张：10
字 　 数：160千字
版 　 次：2013年5月第1版
　　　　　2022年3月第2次印刷
书 　 号：ISBN 978-7-5511-0937-6
定 　 价：38.00元

目　录

第五章 低碳，让我们的城市实现可持续发展

目

录

第一章

是什么让我们的城市
呼吸沉重？

🌐 一、认识可怕的环境污染

人们一直以为地球上的海洋、空气是无穷尽的，所以从不担心把千万吨计的废气送到天空，又把数以亿吨计的垃圾倒进海洋。大家都认为世界如此的广阔，这一点废物算什么呢？其实我们错了，地球虽大，但是地球上的生物只能在海拔8千米到海底11千米的范围内生活，而95%的生物都只能生存在中间约3千米的范围内，而人类却在肆意地污染这本来已经很脆弱的生活环境。

污染严重的海洋

环境污染是指人类直接或间接地向环境排放超过其自净能力的物质或能量，从而使环境的质量降低，对人类的生存与发展、生态系统和财产造成不利影响的现象。危害最大的污染有水污染、大气污染、噪声污染、放射性污染等。

水污染是指水体因某种物质的介入，而导致其化学、物理、生物等方面特性的改变，从而影响水的有效利用，危害人体健康或者破坏生态环境，造成水质恶化的现象。

大气污染是指空气中污染物的浓度达到有害程度，以致破坏生态系统和人类正常生存和发展的要件，对人和生物造成危害的现象。

噪声污染是指所产生的环境噪声超过国家规定的环境噪声排放标准，

并干扰他人正常工作、学习、生活的现象。

放射性污染是指由于人类活动造成物料、人体、场所、环境介质表面或者内部出现超过国家标准的放射性物质或者射线。

造成生态环境污染的根源主要有以下五方面：

（1）工厂排出的废烟、废气、废水、废渣和产生噪音；

（2）人们生活中排出的废烟、废气、脏水和产生的垃圾、噪音；

（3）交通工具（所有的燃油车辆、轮船、飞机等）排出的废气和产生噪音；

（4）大量使用化肥、杀虫剂、除草剂等化学物质的农田灌溉后流出的水；

（5）矿山废水、废渣等。

由于人们对工业高度发达所带来的负面影响预料不够，预防不利，导致了全球性的三大危机：资源短缺、环境污染、生态破坏。人类不断地向环境排放污染物质，但由于大气、水、土壤等的扩散、稀释、氧化还原、生物降解等的作用，污染物质的浓度和毒性会自然降低，这种现象叫做环境自净。如果排放的物质超过了环境的自净能力，环境质量就会发生不良变化，危害人类的健康和生存，这就发生了环境污染。环境污染会降低生物生产量，加剧环境破坏，会给生态系统造成直接的破坏和影响，如沙漠化、森林破坏，也会给生态系统和人类社会造成间接的危害，有时这种间接的环境效应的危害比当时造成的直接危害更大，也更难消除。例如，温

现代化的交通也带来了城市污染

室效应、酸雨和臭氧层破坏就是由大气污染衍生出的环境效应。这种由环境污染衍生的环境效应具有滞后性，往往在污染发生当时不易被察觉到，然而一旦被察觉就表示环境污染已经发展到相当严重的地步。当然，环境污染最直接、最容易被人所感受的后果是使人类生存环境的质量下降，影响人类的生活质量、身体健康和生产活动。例如城市的空气污染造成空气污浊，人类发病率上升；水污染使水环境质量恶化，饮用水的质量普遍下降，威胁人们的身体健康，引起胎儿早产或畸形等。严重的污染事件不仅带来健康问题，也造成社会问题。随着污染的加剧和人们环保意识的提高，由环境污染引发的纠纷和冲突逐年增加。

二、城市污染在吞噬人类的健康

人类走出原始森林，经过千百年的奋斗，创建了当今宏伟的城市。据预测，未来10年，世界一半的人口将居住在城市中。城市是人类文明的标志，是现代化、工业化程度的集中表现。现代化的城市，房子越盖越高，越盖越密，城市的人口也越来越集中，居民生活水平随之提高，但这也给城市环境带来了巨大的压力，使得生态环境不断恶化。由于城市是地球上生态环境破坏最严重的地方，因此这里的空气质量最差、灰尘多、垃圾多、有毒气体多、空气中细菌含量多、空气中负离子含量少等，城市已不是人类理想的居住环境了，它甚至有了一个新的名字——"城市水泥沙漠"。城市污染给人们的身心健康造成的危害，主要表现在以下七个方面：

——空气污染。众所皆知，空气与人的生命关系密切，清新空气对人的健康尤为重要。人5天不吃饭、不喝水尚有生存的希望，但断绝空气5分

空气污染

钟以上就会死亡。城市大规模的工业生产活动和繁忙、拥挤的交通所排放的污物、废气严重污染大气，使城市空气质量不断恶化，严重危害人类的健康，特别是呼吸系统、心血管等疾病与大气污染更密切相关。据墨西哥卫生部公布的数据显示，在墨西哥市约1800万人口中，1/3的人感到眼睛不舒服，24%的人抱怨头痛，12%的人呼吸困难。全球每年由于城市空气污染造成大约80万人死亡。亚洲地区每年因大气污染造成约48.7万人死亡。据估计，中国有6亿人生活在二氧化硫超标的环境中，而生活在总悬浮颗粒物超标环境中的人数达到了10亿。美国1970年排入大气的粉尘和有害气体达2.64亿吨，平均每人1吨。全世界每年死于癌症的人约300万。研究证明，80%的癌症病人是环境因素引起的，其中90%是化学因素，5%是物理因素。另据《2007年中国环境状况公报》显示，全国地级及以上城市空气质量达到国家一级标准的城市占2.4%，二级标准的占58.1%，三级标准的占36.1%。劣于三级标准的占3.4%。

——热辐射污染。一般情况下，在高温季节，100万人口的城市，市中心的最高温度比城郊高8℃～10℃，较高的温差造成了热辐射。人们为了摆脱城市高温的煎熬，发明了空调，空调的使用又带来了有害健康的空调病。

——水体污染。城市和城郊是生活用水、工业用水最集中、最多的地方，也是地表水和地下水污染最严重的地方。城市是污染源，也是水环境被破坏最严重的地段，是居民的身心健康受害最严重的地域。因为大多数企业要么建设在市区，要么建设在市郊，而且任何企业都需要水，任何企业都要排污水、废水。由于所需原料、燃料和工艺流程不同，所排放的废水对环境的污染程度也不相同。工业废水、矿山废水的不合理排放是造成水源污染的最主要原因。排出废水的工厂主要是化工工厂，如农药厂、化肥厂、制药厂、涂料厂、染料厂等，其他的还有炼油厂、石油化工厂、钢铁厂等。其中废水中常常含有硫化物、氰化物、汞、砷、酚、铅等污染物及一些复杂的有机物。这些物质有些可以回收处理，有些复杂的有机物无法处理。有的企业工业废水未经处理直接排放到地面水体，使地面水体受到不同程度的污染，造成一些地区江河湖泊成了鱼虾死绝的"死水"，致使该地区以江河为工业水源和饮用水源的工厂不得不去找其他水源。许多企业不得不自钻深水井，取用地下水。过多取用地下水又会引起地层下陷，从而进一步威胁到居民用水的安全。

——垃圾污染。城市垃圾污染主要是城市固体废弃物造成的污染。固体废弃物主要是指城市居民的生活垃圾、商业垃圾、市政维护和管理中产生的垃圾，如废纸、废塑料、废家具、废碎玻璃制品、废瓷器、厨房垃圾等。城市固体废弃物对环境的影响是长久而深远的。据统计，我们生活中的一些废弃物在自然界停留的时间如下：烟头1～5年，尼龙织物30～40年，易拉罐80～100年，羊毛织物1～5年，橘子皮2年，皮革50年，塑料100～200年，玻璃1000年。这些城市垃圾绝大部分露天堆放，不仅影响城市景观，

垃圾污染

还污染了大气、水和土壤，对城市居民的健康构成威胁。随着中国城市人口的增长、经济的发展和居民生活水平的不断提高，城市生活垃圾的产生量逐年迅速增长。据统计，中国城市生活垃圾的年产量高达1.7亿吨，且每年以10%左右的速度增加。但目前中国城市生活垃圾的处理率不足1/3，真正达到无害化处理和资源化利用的比例更低，与日俱增的生活垃圾已成为困扰经济发展和环境治理的重大问题。

随着经济的发展和人民生活水平的提高，垃圾问题日益突出。中国668座城市，2/3被垃圾环带包围。这些垃圾埋不胜埋，烧不胜烧，造成了一系列严重危害：一是垃圾露天堆放导致大量氨、硫化物等有害气体释放，严重污染了大气和城市的生活环境。二是严重污染水体。垃圾不但含有病原微生物，在垃圾堆放、腐败过程中还会产生大量的酸性和碱性有机污染物，并会将垃圾中的重金属溶解出来，形成有机物质、重金属和病原微生物三位一体的污染源，雨水淋入产生的渗滤液必然会造成地表水和地下水的严重污染。三是生物性污染。垃圾中有许多致病微生物，同时垃圾往往是蚊、蝇、蟑螂和老鼠的滋生地，这些必然危害着广大市民的身

噪声污染

建设绿色城市

体健康。四是侵占大量土地。据初步调查，2003年全国垃圾存占地累计533.6平方千米。五是垃圾爆炸事故不断发生。随着城市中有机物含量的提高和由露天分散堆放变为集中堆存，只采用简单覆盖易产生甲烷气体的厌氧环境，易燃易爆。

——噪声污染。噪声级为30~40分贝是比较安静的正常环境；超过50分贝就会影响睡眠和休息，由于人休息不足，疲劳不能消除，正常生理功能会受到一定的影响；70分贝以上会干扰谈话，造成心烦意乱，精神不集中，影响工作效率，甚至发生事故；长期工作或生活在90分贝以上的噪声环境，会严重影响听力和导致其他疾病的发生。噪声能使人的中枢神经受损，引起大脑皮层兴奋和抑制平衡失调，导致条件反射异常。人长期在噪声的不良刺激下会引起神经衰弱、头晕、头痛、记忆力减退、内分泌紊乱、消化不良等疾病，它是一种致命的慢性毒素。2007年，世界卫生组织向英国发出警告说，英国存在严重的噪声污染，每年死于噪声污染的人数已达6500人。据世界卫生组织分析结果显示，死于心脏病、中风等心脑血管疾病的人中，大约3%的病例源于死者长期暴露在交通噪声中，造成心理压力过大、血压升高、心脏病发作。另外，城市的建筑工地施工造成的噪声也影响周边居民正常生活。

——光污染。城市是光污染集中区。城市里建筑物的玻璃幕墙、釉面砖墙和各种涂料等装饰，在太阳光照射强烈时，都会反射光线。街道上五光十色的霓虹灯、舞厅里闪烁的彩色光，都给视觉神经很大刺激。据测定，这些彩光所产生的紫外线强度大大高于太阳光中的紫外线，且对人体的有害影响持续时间长，人如果长期接受这种照射，可诱发流鼻血、白内障等，甚至导致白血病和其他癌变。

——微生物污染。室内空气微生物污染是传播呼吸道疾病的主要原因，微生物可附着在尘埃、飞沫上，并以它们作为介质进入人体而引发疾病。病原微生物通过空气传播的疾病有肺结核、肺炎、天花、水痘等。

建
设
绿
色
城
市

三、空气污染：城市最大的噩梦

　　城市也是存在人类生态问题和环境危机的主要地点，不断扩大的城市已经容纳了超过50%的地球人口，消耗了过多的资源，并产生严重的污染，尤其是空气污染已经对城市居民的生活质量造成了严重的破坏。回顾工业革命以来二百多年的历史，空气污染就像噩梦一样萦绕在地球上空，持续滞留，愈演愈烈。历史上著名的伦敦烟雾事件、洛杉矶光化学烟雾事件，已沉痛地告诉人的噩梦——空气污染。城市空气中的污染物主要由二氧化硫、氮氧化物、粒子状污染物和酸雨等构成。

二氧化硫

　　二氧化硫主要由燃煤及燃料油等含硫物质燃烧产生，其次是来自自然界，如火山爆发、森林起火等。二氧化硫对人体的结膜和上呼吸道黏膜有强烈刺激性，可损伤呼吸器官，可致支气管炎、肺炎，甚至肺水肿、呼吸麻痹。短期接触二氧化硫浓度为0.5毫克/立方米空气的老年或慢性病人死亡率会增高；空气中二氧化硫浓度高于0.25毫克/立方米，可使呼吸道疾病患者病情恶化；长期接触二氧化硫浓度为0.1毫克/立方米空气的人群呼吸系统病症会增加。

粒子状污染物

另外，二氧化硫容易对金属材料、房屋建筑、棉纺化纤织品、皮革、纸张等制品造成腐蚀，剥落、褪色而使其损坏，还可使植物叶片变黄甚至枯死。国家环境质量标准规定，居住区二氧化硫日平均浓度低于0.15毫克/立方米，年平均浓度低于0.06毫克/立方米。

氮氧化物

空气中含氮的氧化物有一氧化二氮、一氧化氮、二氧化氮、三氧化二氮等。其中占主要成分的是一氧化氮和二氧化氮，以NO_x表示。氮氧化物污染主要来源于生产、生活中所用的煤、石油等燃料燃烧的产物；其次是来自生产或使用硝酸的工厂排放的尾气。当氮氧化物与碳氢化物共存于空气中时，经阳光中紫外线照射，发生光化学反应，产生一种光化学烟雾，它是一种有毒性的二次污染物。二氧化氮比一氧化氮的毒性高4倍，可引起肺损害，甚至造成肺水肿。慢性中毒可致气管、肺病变。吸入一氧化氮，可引起变性血红蛋白的形成并对中枢神经系统产生影响。国家环境质量标准规定，居住区的氮氧化物平均浓度低于0.10毫克/立方米，年平均浓度低于0.05毫克/立方米。

粒子状污染物

空气中的粒子状污染物数量大、成分复杂，它本身可以是有毒物质或是其他污染物的运载体。其主要来源于煤及其他燃料的不完全燃烧而排出的煤烟、工业生产过程中产生的粉尘、建筑和交通扬尘、风的扬尘等，以及气态污染物经过物理、化学反应形成的盐类颗粒物。在空气污染监测中，粒子状污染物的监测项目主要为总悬浮颗粒物、自然降尘和飘尘。

建设绿色城市

酸雨

降水的pH值低于5.6时，即为酸雨。煤炭燃烧排放的二氧化硫和机动车排放的氮氧化物是形成酸雨的主要因素，气象条件和地形条件也是影响酸雨形成的重要因素。降水的pH值小于4.9时，将会对森林、农作物和建筑材料产生明显损害。

一氧化碳

一氧化碳是无色、无味的气体。它主要来源于含碳燃料、化石燃料的不完全燃烧，其次是炼焦、炼钢、炼铁等工业生产过程产生的。人体吸入一氧化碳易与血红蛋白相结合生成碳氧血红蛋白，从而降低血流载氧能力，导致意识力减弱，中枢神经功能减弱，心脏和肺呼吸功能减弱；吸入者感到头昏、头痛、恶心、乏力、昏迷甚至死亡。中国环境空气质量标准规定居住区一氧化碳日平均浓度低于4.00毫克/立方米。

氟化物

氟化物指以气态与颗粒态存在的无机氟化物。主要来源于含氟产品的生产，磷肥厂、钢铁厂、冶铝厂等工业生产过程。氟化物对眼睛及呼吸器官有强烈的刺激性，吸入高浓度的氟化物气体，可引起肺水肿和支气管炎。长期吸入低浓度的氟化物气体会引起慢性中毒和氟骨症，使骨骼中的钙质减少，导致骨质硬化和骨质疏松。中国环境空气质量标准规定城市地区日平均浓度7微克/立方米。

铅及其化合物

铅及其化合物指存在于总悬浮颗粒物中的铅及其化合物。主要来源于汽车排出的废气。铅进入人体，可大部分蓄积于人的骨骼中，损害骨骼造血系统和神经系统，对男性的生殖系统也有一定的损害。引起的临床症状为贫血、末梢神经炎，出现运动和感觉异常。中国尿铅80微克/升为正常值，血铅正常值小于50微克/毫升。

废弃的铅及其化合物

 ## 四、向城市环境污染说"不"

世界上很多城市的空气，已经恶化到威胁人类身体健康的严重程度。由于城市扩张、交通发达、经济高速发展和能源过度消费，最近几十年来，城市空气质量虽然在局部地区有所改善，但是在全球范围却是整体恶化了。世界上1/2的城市一氧化碳浓度过高，12亿人口暴露在高浓度的二

氧化硫，北美和欧洲多达15%～20%的城市，氮氧化物浓度超标。交通车辆排放已成为城市大气污染的主要来源之一。

西方发达国家在城市空气污染的控制及研究上走过了漫漫长路，取得了令人瞩目的成绩。这里我们选择世界上具有代表性的六大城市，对其大气污染的状况、污染特征和治理大气污染的措施进行简要分析，帮助我们了解世界范围的城市生活状况，从而看清人类城市生活面临的环境危机。

清洁的生产和先进的技术，带领世界三大超级都市——伦敦、洛杉矶、巴黎走出了工业污染肆虐的年代，但三大超级都市远远未能走出城市空气污染的噩梦。因为它们几倍于其他地区的汽车拥有量和能源消费水平，使其污染超出了清洁的生产和先进的技术可控制的范围，严重的大气污染仍然困扰着它们。但生活在其中的人们强烈的环保意识和政府高额的环境治理资金的投入，使它们有能力在治理污染方面仍然走在世界的前列。

英国伦敦——"大气污染阴魂不散"

早在13世纪，英国首都伦敦的大气污染就被记载于册，当时伦敦大气污染主要是由于石灰生产业造成的。1952年12月爆发了有史以来伦敦最严重的烟雾污染事件，这次事件持续了整整4天，致使四千七百多人死亡，造成难以估量的经济损失。这次烟雾污染事件直接促成了1956年英国《清洁空气法》的诞生，《清洁空气法》使得民用污染源同工业污染源一样受到限制。1972年伦敦政府还规定不准使用含硫量超过1%的煤。经过近半个世纪的努力，曾造成伦敦烟雾事件的煤烟型污染已渐渐隐退，伦敦二氧化硫的排放量大幅度降低，基本达到空气质量标准。但与此同时汽车尾气逐渐成为影响伦敦空气质量的最主要因素。据统计，伦敦道路交通比20年前增加了70%，然而同期道路面积仅增加10%，快速的交通增长不仅引起大气中一氧化碳和一氧化氮浓度增加，还导致了

建设绿色城市

二次污染物和二氧化氮与臭氧浓度的增加，尤其在高温、阳光充足的天气里，伦敦市中心臭氧浓度远远超过世界卫生组织所制定的标准。

伦敦市政府对目前的城市大气污染问题予以相当的重视，将改善伦敦市空气质量作为一个长期的发展目标，制定了短期和长期的治理计划。短期内的目标之一是使伦敦市的氮氧化物排放量较1987年减少30%。同时，在伦敦建设一个战略性的大气监测、分析系统，不仅监测伦敦市各种污染物的排放和大气浓度，而且要统计、评价伦敦市公众健康、交通效能的状况，经综合分析后供政府决策参考。而长期来看，伦敦市一方面参考联合国欧洲经济委员会的可持续发展计划，谋求治理污染和经济协调发展的出路；另一方面决定对大气污染的治理措施作长期的评估，以检验措施的成效。具体措施有：

英国伦敦

（1）监测措施：1993年2月，伦敦建立了大气质量监测网络，从而更好地对各部门的数据、信息进行统一管理和综合分析。

（2）工业、生活污染治理：主要通过对这些污染源的持续控制，保证其减少污染气体排放。对燃煤和燃油的工厂一律采用除尘、脱硫装置；而对使用清洁燃料的居民采取补贴政策予以鼓励。政府通过逐步提高排放标准来加强对这些污染源的控制。

（3）交通污染治理：1990年的一项调查显示，如果将技术与减少私人汽车、增加公共交通政策相结合，那么汽车排污量将会明显减少。因此伦敦已经计划改革公共运输系统，包括增加地铁和公共汽车；鼓励骑自行车和步行。同时对机动车采取防治措施，如限制汽油的含铅量，安装氮氧化物的催化转化装置。

（4）资金投入：《环境法》要求工业部门、交通部门及政府部门都要为大气污染的治理投资。这些资金主要用于改善交通工具的技术和燃料，并奖励使用低污染燃料的企业。

煤烟型大气污染走了，各种形式的大气污染还存在于伦敦上空，伦敦控制大气污染的努力也不会停止。

美国洛杉矶——"光化学烟雾肆虐"

地处美国加利福尼亚州的洛杉矶市，是美国汽车数量最多、气候变化最大的城市，这里发生的光化学烟雾污染事件使洛杉矶臭名昭著。经济的成功带来的过度消费，造成了洛杉矶市严重的空气污染。正当许多发展中国家为经济发展一筹莫展的时候，加利福尼亚州已经开始控制过度消费，提倡清洁生产，并鼓励更有效地利用能源。

美国洛杉矶市西临太平洋，东、南、北三面为群山环绕，处于西海岸气候的盆地之中，大气状态以下沉气流为主，极不利于空气污染物质的扩散；而且常年高温、少雨，日照强烈，给光化学烟雾的形成创造了条件。各方面的不利因素使洛杉矶成为

美国洛杉矶

美国的"雾都"。洛杉矶市的一千四百多万人口、九百多万辆机动车和四万多家工厂对城市生活环境，尤其给大气环境造成了巨大的压力，尤以机动车污染为甚。1989年秋，《洛杉矶时报》在头版登载了一幅洛杉矶市郊高楼大厦轮廓线的照片，仅仅在一千六百米左右高的小山上才可以清楚地看见这些建筑物。当时洛杉矶市大部分时间里都被浅黄色的烟雾所笼罩。

洛杉矶市55%的氮氧化物、77%的一氧化碳是机动车尾气排放造成的。而全城70%的地区经常浸泡在高浓度的尾气中。严重的机动车尾气污染在强烈的太阳光作用下又形成了更加严重的光化学烟雾污染。在洛杉矶市的严格控制下，光化学烟雾污染虽有所好转，但情况仍令人担忧。对此，加州为控制大气污染做出了许多创造性的努力，并成为美国战胜空气污染的实验基地。自从1970年颁布《清洁空气法》以来，尤其是进入20世纪90年代以后，洛杉矶市采取了大量的治理措施和控制办法。在洛杉矶市出售的汽车必须是"清洁的"，以后出售的汽车全部安装"行驶诊断系统"，实时监测机动车的工作状态，让超标车辆及时脱离排污状态和接受维修。而且，加州通过了比联邦还严格的《污染防治法》，引导并促使美国和外国汽车生产厂商改进汽车的排放性能。

在洛杉矶，虽然多数人仍然使用私人汽车作为代步工具，公共交通只处于次要地位，但洛杉矶市采取了包括增加停车收费等多种方式，以鼓励多人合乘一辆汽车，以减少公路上的实际行驶量和尾气排放。加州是美国第一个在燃料泵上装配橡皮套的州，套内的填充装置，可以减少汽油蒸气逸入大气。同时，加州是世界上风能和太阳能发电装置最多的地方，在清洁燃料的研究方面也处于领先地位。政府通过低息贷款和补贴的方式鼓励人们尝试使用清洁燃料的汽车。

具有二千九百万人口，人均一辆车的加州，素以重视法律教育、大众文化而闻名，现在，同样以重视环境而闻名。这个"黄金之州"将有希望通过长期的斗争而根治空气污染。

法国巴黎——"为艺术的清洁向污染宣战"

法国首都巴黎的空气质量也是每况愈下，其城市空气污染对人的身体健康的危害日益严重，患呼吸道疾病和其他疾病的人数明显增多。根据20世纪90代初的统计，巴黎二氧化硫的年平均浓度为2微克/立方米，但短期内日均值可高达250微克/立方米；氮氧化物年平均值为57微克/立方米，其浓度之高仅次于法国的里昂和南特；只有铅浓度控制在2微克/立方米以下。由于大气污染，人们有时不得不戴防毒面具上街，街头上也竖立有出售"郊外空气"的自动售货机。每年有六七万巴黎人到远郊或外省另择新居。同时，大气中的污染物已侵蚀了包括巴黎圣母院在内的一批珍贵建筑物的彩色窗户、壁画和雕刻。二氧化硫、氮氧化物等污染物在这些历史遗迹上留下了令人心痛的痕迹。

应当说，法国是世界上能源结构比较合理的国家之一。巴黎市的主要能源来源是核能，因此煤烟型污染几乎已经被根治了。但是像巴黎这样的国际大都市，空气污染问题并非主要出自工业生产，其空气污染的"罪魁祸首"是城市内过多的汽车。

巴黎市已将治理空气污染、改善巴黎生活环境作为城市建设的重点工程，制定了行之有效的管理措施和经济手段，如限制机动车数量，尤其是限制出租车的数量；当空气质量为二级时，汽车根据牌照的单双号交替行驶，当空气质量达到三级时，凡可能造成污染的车辆都严禁上街；鼓励人们乘坐公共交

法国巴黎

通工具，空气质量凡在二级以上时，所有公共汽车和地铁的票价都要降低。

此外，巴黎还采取一系列交通工程措施，希望从根本上解决汽车污染问题。

（1）开辟自行车车道，提倡人们骑自行车出行。

（2）开展"无车日"活动。在"无车日"那天，马路上奔流不息的车流不见了，取而代之的是那些步行者、骑车人和脚踏旱冰鞋的男女青年。巴黎市长让·蒂伯金也跨上了自行车，骑着它到市政大厅去上班。

（3）将巴黎的车辆逐步改换为电动车或浓缩天然气汽车。巴黎市还计划在三年内将巴黎所有的公共汽车全部改成无污染汽车。为此，市政府已决定每年投资6000万法郎。

巴黎还计划拓展地铁和增开公共汽车线路，进一步完善巴黎的公交覆盖网，并拟恢复有轨电车。巴黎大都市区新的总体规划中，将2/3的投资拨给以公共交通为方向的交通基础建设，只有1/3的投资用于道路建设。巴黎，欧洲的艺术之都，当我们流连于艺术的长廊中时，希望可以同样陶醉在清洁的空气中。

希腊雅典——"雅典娜女神难以战胜大气污染恶魔"

希腊首都雅典，爱琴海上的璀璨明珠，欧洲文明的发源地之一，世界闻名的旅游城市。但在现代文明的冲击下，古老美丽的雅典也不可避免地受到城市空气污染的困扰。像洛杉矶一样，强烈的日照、终年的高温和微风的天气条件加剧了城市空气的恶化。

雅典由于其特殊的气候和日照条件，成为光化学烟雾严重污染的城市。根据雅典市内4个观测站在20世纪90年代的监测结果，雅典市区内一氧化碳、一氧化氮、二氧化氮和臭氧四种主要污染物的浓度都有不同程度的超标。其中一氧化碳的平均值超过了10毫克/立方米，一氧化氮和二氧化氮的平均值分别为280微克/立方米和210微克/立方米，最高浓度分别达620

建
设
绿
色
城
市

微克/立方米和410微克/立方米；另一种污染物臭氧，在市区的局部地方浓度的最高值达390微克/立方米，市区内平均值也有120微克/立方米。不难看出雅典的光化学烟雾污染已达到相当严重的程度。

像其他高度现代化的大都市一样，雅典大气污染的主要来源也是汽车尾气的排放。据统计，雅典市大气中90%以上的一氧化碳、75%的氮氧化物、64%的黑烟和66.7%的挥发性有机化合物是由汽车排放的。雅典拥有80万辆以上的汽车，部分的车龄已超过了10年，包括1.7万辆终日行驶的出租车，5000辆排污严重超标的私人客运汽车和23万辆摩托车。同时，工业排放的氮氧化物量也逐年上升。

希腊雅典

为避免严重的污染对旅游业的冲击，保护雅典古城的著名遗迹和人民健康，雅典市政府采取了一系列的措施以期控制城市大气污染。限制雅典市内汽车数量，鼓励购买尾气排放达标的汽车。一方面，雅典市的汽车购买税逐年提高；另一方面，凡购买达到排放标准的汽车，政府通过津贴形式，减免50%～60%的购买税，且免付5年的养路费。对在用汽车，通过补贴和减免2年养路费的刺激方法，鼓励其改装环保燃料发动机和使用无铅燃料。现在已有35万辆汽车改装了发动机或使用无铅燃料，占雅典市汽车保有量的44.1%。同时雅典市政府双管齐下，加强控制污染燃料和无铅汽油的使用和销售，以期从根源上遏制污染物的排放。作为对另一大污染源——工业氮氧化物排放的治理，雅典采取了欧洲广泛使用的污染气体排放许可制度，超标排放的部分必须支付昂贵的费用。

　　令人担忧的是上述措施执行不力。由于对私人客运的高昂税收占雅典市每年财政收入的很大比例，从而使对占相当污染份额的私人客运汽车的污染治理举步维艰。而控制汽车数量所减少的氮氧化物排放，又不足以抵消工业每年增长的排放量。因此除了大气中挥发性有机化合物的浓度持续下降外，氮氧化物、臭氧等主要污染物浓度在1993年、1994年短暂下降后又开始回升，已恢复并超过了20世纪90年代初的水平。

　　看来，"雅典娜女神"想降伏空气污染这个恶魔，不是朝夕间可以做到的。

墨西哥城——"白色云层笼罩的城市"

　　墨西哥城被公认为世界上人口密度最大，也是污染最严重的城市之一。近2000万人口、3.5万家工厂和近300万辆机动车使城市大气污染常年超标。最严重时，墨西哥城不得不宣布进入"环境紧急状态"。一方面，由二氧化硫和煤烟构成的白色云层笼罩全城，居民呼吸困难，头痛恶心，不得不戴防毒面具上街；学校停课，让学生们躲在家里以躲避市区内恶劣的空气。另一方面，墨西哥城位于海拔2250米的高原，使同样数量的污染物在墨西哥城表现为更高的浓度和更大的危害，简直是雪上加霜，我们不禁为生活在那里的人们感到担忧。

　　墨西哥城市区内机动篷车、出租车和小公

墨西哥城

环保进行时丛书　*HUANBAO JINXING SHI CONGSHU*

共汽车充塞街道，其燃料又以含铅汽油和高硫燃料为主。20世纪80年代末汽油中含铅量为每升0.14~0.28克，直至20世纪90年代初，虽已降至每升0.08~0.15克/升，但低铅燃料也只有装有催化转化器的小汽车在使用。市区内至少有2.7万辆高污染的机动篷车在行驶，且墨西哥城的机动车平均寿命几乎达到10年，而其中60%~90%的车辆严重缺乏保养，结果导致1992年该城竟有358天臭氧浓度严重超标。其罪魁祸首，就是机动车尾气排放。虽然墨西哥城已开始对高污染车辆进行治理和技术改造，但1995年墨西哥经济危机影响了汽车现代化计划。城市大气污染始终未能得到系统治理。

但墨西哥城在治理大气污染方面毕竟付出了艰苦的努力，汽油无铅化在20世纪90年代有明显进展，20世纪80年代墨西哥城汽油的平均含铅量达0.28克/升，其中无铅汽油的销售比例只有2%，进入20世纪90年代后，汽油中的含铅量逐年迅速下降，1996年降至0.0017克/升，而无铅汽油的销售量却直线上升，1998年达到总销售量的48%。

墨西哥城采取的另一措施称"禁止运行"，包括两种类型。一种是对年检不合格和特别车辆的限行。例如，从1992年起，1986年前的出租车和1984年前的小公共汽车都被禁止在主街区行驶。另一种类型也称"今天不驾车"，这项规定根据司机执照上的最后一位阿拉伯数字来暂停他在一星期中的某个工作日的驾驶。在1995年，这一措施由于墨西哥城市空气质量的恶化而得到了加强，改进后的方案称"两天不驾"。当墨西哥城空气污染状况达到最高空气污染警戒线时，规定禁止全城40%排污严重的车辆行驶，只有公共汽车、低污染汽车和装有氧化型过滤器的卡车可以行驶。

同时，市政府规定，1985年以前的出租车凡不能达到20世纪90年代新的尾气排放标准的一律要报废。目前，已有4.7万辆陈旧的出租车被安装了催化转换器的新车所取代。此外，1977年前的旧式卡车也必须由装有尾气控制装置的卡车所取代。

墨西哥城一向被看作是过度城市化下大气污染恶化的典型例证，我们寄希望于墨西哥城政府采取综合、长期的措施，早日扭转这一局面。

巴西圣保罗——"抗争空气污染的斗士"

巴西圣保罗市一直被认为是巴西污染最严重的城市。大气污染物经常超过空气质量标准，其古巴陶区甚至一度被称作"死亡区"，而现在鸟儿又回到它们离开二十余年的林中，附近的农作物和果园又开始郁郁葱葱。人们对圣保罗的看法恐怕要改变了。

圣保罗市目前工业排放污染物很少。由于20世纪80年代实行了有效的工业污染控制项目，用法律的强制性手段保证了工业的低污染排放，圣保罗市的石油化工、钢铁工业和化肥厂排出的污染物减幅尤其明显，其硫化物、磷化物排放量由20世纪80年代的236吨/日直线下降到现在的71吨/日；而圣保罗市的污染物总排放量由20世纪80年代的573吨/日降至现在的199吨/日。且圣保罗市的许多大公司也建立了环保机构负责本公司的防治污染工作。

为控制城市交通污染，圣保罗市采取了多项措施，使用清洁燃料是圣保罗市治理交通污染的一个特色。圣保罗乃至整个巴西的机动车燃料主要是汽油、柴油，圣保罗地区49%的轻型机动车使用乙醇作为燃料，另有部分轻型机动车使用甲乙醇混合燃料。事实证明，无论哪种替代燃料都可以大大减少污染量排放。同时，巴西的汽油中含铅量逐年降低，现在圣保罗市的汽

巴西圣保罗

环保进行时丛书
HUANBAO JINXING SHI CONGSHU

油生产中已不再使用铅了。

圣保罗州秘书处正在为圣保罗市准备一个融交通运输、土地利用和空气质量监测为一体的计划。圣保罗市计划并着手加大地铁建设，并准备将铁路和地铁连接起来，严格控制市内公交路线，并吸纳私人资金进行城市道路与环保建设。此外，还将建立一条外环线连接高速公路，以避免高污染的长途运输卡车进入圣保罗市内。基于以上措施，圣保罗市的空气相信会有一个明显的好转。

 ## 五、绿色：才应该是城市的主色

众所周知，地球上如果没有氧气，一切生命活动都将停止。人和动物每时每刻都在不停地吸进氧气，呼出二氧化碳。因空气污浊，二氧化碳增多，人们的生活和健康会直接受到影响。

通常大气中的氧气占21%，二氧化碳占0.03%。经研究，当空气中氧气含量降低到10%时，人们就会出现恶心、呕吐等症状。二氧化碳虽是无毒气体，但空气中的二氧化碳浓度增加到0.1%时，人即感到呼吸不舒服；增加到1%以上，就会造成二氧化碳中毒。

树和草等绿色植物却同人和动物正好相反，它们的叶子在光合作用时，吸收空气中的

空气污浊

二氧化碳，同时放出氧气。科学观测证明，10000平方米阔叶树林在生长季节一天就吸收1吨二氧化碳，生产0.73吨氧气。而一个成年人每天呼吸消耗氧气0.75千克，排出二氧化碳0.9千克。

生长良好的草坪，也有吸收二氧化碳的功能。根据计算，每人至少有10平方米的树木或25平方米的草坪，才可以消耗掉人呼吸排出的二氧化碳量。

由于森林里空气湿润，常产生一种"负离子"，它有利于促进人体代谢、稳定脉搏、调整呼吸、降低血压和振奋精神。所以，林区疗养院的医疗效果较好。即使在一切草本植物枯黄的冬天，不少常绿树木在微量的生命活动中，仍可为人们提供新鲜氧气。因此，在人口集中的城市和工业区，营造一定面积的森林和草地，是保护环境的有效措施。

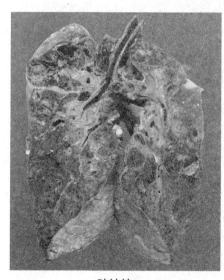
肺结核

城市人口多，空气里混杂着大量的各种细菌。但是在绿化的地方，每立方米空气中的细菌含量要比闹市区少得多。因为许多树木在生长季节，树叶能分泌出大量的丁香酚、天竺葵油、肉桂油、柠檬油等挥发性的植物杀菌素，可以杀死空气中的多种病菌。如10000平方米桧柏、松树林一昼夜能分泌60千克杀菌素，能杀死白喉、肺结核、伤寒、痢疾等病菌。

据测定，不同地区每立方米空气中的细菌数量大不相同，森林内的细菌含量只有55个，公园内1000个，城市林荫道上58万个，百货商店内高达400万个。已经绿化的地方比没有绿化的市区街道，每立方米空气中含细菌数量少85%以上。

建
设
绿
色
城
市

森林有净化土壤、水源，改善、保护水质的作用。森林中的地表植物、枯枝落叶和庞大根系，能过滤、吸收水中的有毒成分，减轻污染，净化土壤，改善水质。

如果流水通过林带，水中所含细菌数量会减少很多。有细菌的流水通过30米～50米宽的林带后，每升水中细菌含量可减少一半；通过50米宽的杨、桦混交林后，可减少约90%；经过榆树林流出的每升水中，大肠杆菌只有空旷地的1/10；从松林中流出的水，大肠杆菌仅为空旷地的1/18。所以，生活在林区和周围的人们患疾病的机会就少，长寿的人也多。

二氧化硫是汽油燃烧后排出较多的有害气体之一，对人体危害很大。这种气体在空气中含量达十万分之一时，人们就呼吸困难；当达到万分之一时，就会很快死亡。氟化氢的危害比二氧化碳大20倍左右。但树木却能吸收这些有毒气体。

为什么树木能吸收空气中的有毒物质呢？因为有些树木叶子的表面密布着气孔，一般每平方毫米约有50～300个气孔，树木主要是通过叶子上的气孔进行气体交换来吸收有毒物质的。有毒物质进到叶子里后，一部分形成新的化合物，甚至可能作为某种营养物质而积累在叶子内；一部分在新陈代谢过程中不断转移并排除。另外，树木叶子表面还能吸附一部分含有毒物质的粉尘，这些作用都能有效地提高空气质量。如10000平方米柏树林生长季节每月能吸收二氧化硫54千克，夹竹桃等一般的阔叶树可吸收16千克，刺槐、臭椿、女贞等能吸收氟化氢，柳树、木槿、合欢对氯有很强的吸收能力，沙枣、加杨等还能吸收空气中的醛、酮、醇和多种致癌物质，青杨和桑树枝叶能吸收铅，市区，特别是工矿区域1千克青杨干叶中含铅616毫克，1千克桑树叶内含铅526毫克，它们的含量分别为清洁区的50倍和107倍。

这些树木既是人体健康的卫士，又是空气污染的监测员。因有些树木对某种污染物十分敏感，在很微量的污染情况下，它就发生"症状"反应，人们可以根据树木的反应来观测与掌握环境污染的程度、范围以及污染物的种类和毒性大小，以便采取措施。还可以通过测定树木叶子含毒量或测定树木的年轮来判断环境污染的程度。

可供用于监测的树木种类很多，如监测二氧化硫气体可用苹果、月季、雪松、落叶松、油松、加杨、连翘等；监测氟化物可用杏、李、梅、葡萄、樱桃、雪松、落叶松等；监测氯化氢气体可用桃树、复叶槭、落叶松、油松等；监测臭氧可用梓树、丁香、葡萄等；柳树和女贞可以监测汞污染，人们称这些树木为"不下岗的监测员"。所以近代科学已把树木对空气有害物质的转化、积累、降解作用纳入污染生态学的重要组成部分中。

大气除了受有害气体污染外，还受烟灰、粉尘的污染。城镇和工矿区空气中悬浮的粉尘、炭粒、油烟等不断向地面降落，裸露的土地及垃圾在刮大风时，除扬起大量尘土外，还混有各种病原菌，这是造成人们经呼吸道感染多种疾病的原因之一。据测定，工业城市上空每年每平方千米降尘量达1000吨以上，患气管炎、肺病的比例高于农村一倍以上。

由于空气中存在过多的悬浮物质，太阳照明度往往被减低40%，太阳辐射强度减低10%～30%，特别是紫外线辐射的减少，对人的健康有害，时间长了会使儿童得软骨病。

植物，特别是树木，对烟灰、粉尘有一定的阻挡、过滤和吸附作用，

梓树——臭氧监测剂

从而降低了对大气的污染。树木减少空气中灰尘的作用表现在两方面。一是由于树木的树冠茂密，具有强大的降低风速的作用。随着风速的降低，空气中携带的大粒灰尘便自然沉落。二是叶子表面有的不平，有的长着绒毛，有的能分泌黏性油脂及汁液，因此能吸附空气中大量的浮尘，使通过绿地的空气净化。蒙尘树叶经雨水冲洗后，又能恢复滞尘的本领。

在有树木和其他植物绿化了的地方，空气中的含尘量均较裸地低。在有绿化的街道上，树下距地面1.5米高处的空气含尘量比同一街道上无绿化的地段要低56.7%。

树木对灰尘的阻滞作用在不同季节有所不同。冬季无叶，春季叶量少，秋季叶量较多，夏季叶最多，因此，树木吸尘能力夏秋季大于春冬季。据测定，即使在树木落叶期，树木的枝叶也能使空气中含尘量减少18%。

草地的减尘作用也是很显著的。因为草的茎叶不仅和树叶一样具有吸附空气中灰尘的作用，而且可以固定地面的尘土。如铺草皮的足球场上空比不铺草皮的足球场上空的含尘量可减少66%～82%。

凡是不和谐、不悦耳、杂乱无章，对人们正常的工作、学习和休息有妨碍的声音都叫噪音。如机器转动声、高叫的汽车喇叭、飞机起降的巨鸣等，都是噪音。噪音已是现代城市的一种公害。它使人烦躁、破坏听力、损害人的智力。

声音的大小用"分贝"来表

草地

示，从人的耳朵开始听见微音到震耳发痛，音程高达130分贝。噪音的卫生学标准为35～40分贝，一般50分贝以下，人的感觉是安静的，超过70分贝对人就产生危害；80分贝就感到吵闹、嘈杂；超过90分贝，能造成人的失眠、失聪、神经衰弱、头晕、听力减退，严重时可使人的动脉血管收缩，加快心脏的跳动频率，引起心脏病、高血压等。

如果在城市街道两边、厂区和住宅周围成行成排地种上树木，就可减弱噪音。据测定，4米宽的林带可使噪音减轻6分贝；20米宽的桧柏林带可使噪音减弱16分贝；在城市的公园中，成片树木可把噪音降低到26～43分贝，使它降低到对人无害的程度。

夏季阳光辐射到树冠时，有20%～25%热量被反射回空中，35%的热量被树冠吸收。因此，夏季有树荫的地方比空旷地方的温度低3℃～5℃，而且由于树冠阻挡，可以避免强烈的阳光辐射。绿色的树荫

森林

环保进行时丛书
HUANBAO JINXING SHI CONGSHU

可使人感觉舒适，缓和紧张情绪，消除肌肉疲劳，保护视网膜的正常功效。当你进入森林公园，就会顿觉空气清新，心旷神怡，无形中起到了保健作用。所以，凡是旅游胜地、疗养场所都是绿荫覆盖，苍翠葱茏；名山风景区都离不开森林、树木。许多发达国家都非常重视设立自然公园和自然保护区，道理也就在于此。

从以上几点可看出，森林在城市美化和环境保护方面发挥着巨大的作用。森林又是一种多成分的、多样化的植物群体，它占有的生态空间最大，组成结构最复杂，所以稳定性也最大，是环境保护离不开的物质基础。

城市本来就应该是绿色的，我们还应该为城市增添一份绿，让我们的城市天是蓝的，水是清的。

第二章

远离垃圾危害，创造低碳城市新环境

一、 困扰城市发展的垃圾

有人生活的地方就有垃圾的产生，城市垃圾是所有生活、活动在城区的人们在维系自身生存的过程中制造和排放出来的废弃物。随着经济的发展，人民生活水平的提高，城市化进程的加快，城市垃圾也在迅速增加。据统计报道，现今中国城镇垃圾的人均日产生量为1.2千克~1.4千克，人均年产生量为440千克~500千克。如果以39%的城市化人口测算，当前，中国城市垃圾的年产生量已超过2.2亿吨，如果加上历年来堆存在城市周边尚未处理的六十多亿吨陈腐垃圾，在中国现有的668座大、中城市中，已有四百多座处于垃圾山的包围之中。而且这些垃圾的产生量还在以8%~10%的速度逐年增加，如果不及时、有效地处理，任意堆积，天长日久，势必会对人类赖以生存的环境和社会经济的发展带来难以估计的重大影响，因此采取什么方法和技术及时、有效地处理好城市垃圾，是所有城市管理者和广大市民极为关注和亟待解决的重大环保问题。城市垃圾主要有生活垃圾、医疗垃圾、电子产品垃圾和信息垃圾等。

随着人类环保、节能意识的增强，以及科技的日新月异，未来的城市垃圾将会被科学地处理和有效地利用，城市居民终将摆脱日益增多的垃圾的困扰。

固体生活垃圾，是

医疗垃圾

建
设
绿
色
城
市

指在日常生活中或者为日常生活提供服务的活动中产生的固体废物以及法律、行政法规规定视为生活垃圾的固体废物。生活垃圾按其化学组分通常可分为有机废物和无机废物，前者包括厨余、纸类、塑料及橡胶制品等，后者则包括灰、渣、玻璃碴等。

城市化进程是人类近代社会经济发展水平的集中体现之一。一般来说，一个国家的城市化水平，是该国经济发展水平的结果，从长期趋势看，中国的确遵循了这样的一般规律，随着中国经济水平的不断提高，大中型高密度尤其是现代化城市不断出现，从而也伴随着各种固体生活垃圾的大量产生。中国城市固体生活垃圾总量已位于世界高产国前列，增长率居世界首位，全国668座城市人均一年产固体生活垃圾440千克，占世界总量的1/4以上，且以8%~10%的速度增长，少数城市则达15%~20%。专家预计，中国城市垃圾2030年年产生量将达到4.09亿吨，2050年达到5.28亿吨。想想看，如此众多的垃圾如果不能采取科学的手段加以处理的话，城市将会变成垃圾城，城市居民将会被垃

垃圾破坏土壤

圾所包围。城市生活垃圾的处理是世界性的难题。综观世界各国解决垃圾问题的办法，主要有填埋、焚烧、堆肥和热解等。

其中填埋处理方法最大特点是处理费用低，方法简单，但容易造成地下水资源的二次污染。为了减少运输成本，各城市垃圾大多露天存放或简单填埋在城郊附近，大量占用并破坏了人类赖以生存的土地资源。焚烧处理方法的优点是减量效果好，处理彻底，污染小。但是它的前期投入费用极为高昂。建设一个日处理垃圾1000吨的焚烧炉及附属热能回收设备，大约需要7亿～8亿元人民币。在西方发达国家，垃圾焚烧技术的应用已经有将近130年的历史，而且目前仍被认为是最有效、经济的垃圾处理技术之一。

生活垃圾是人们日常生活中产生的一种含有大量厨余物及有机废料的混合物，它直接影响着生态环境和人民生活质量。但是随着科学技术的提高，人们逐渐认识到垃圾是一种放错位置的资源，它们经过一些无害化处理后，不仅可以减量，而且会成为一种新的资源。

二、学会生活垃圾分类处理

为了对生活垃圾进行很好的处理和利用，就必须对它们进行分类。针对不同的类别采取不同的处理方式。垃圾分类是指按照垃圾的不同成分、属性、利用价值以及对环境的影响，并根据不同处置方式的要求，分成属性不同的若干种类。生活垃圾一般可分为四大类：可回收垃圾、厨余垃圾、有害垃圾和其他垃圾。

可回收垃圾。包括纸类、金属、塑料、玻璃等，通过综合处理回收利用，可以减少污染，节省资源。如每回收1吨废纸可造好纸850千克，节省木材300千克,比等量生产减少74%的污染;每回收1吨塑料饮料瓶可获得0.7吨二级原料;每回收1吨废钢铁可炼好钢0.9吨,比用矿石冶炼节约47%的成本,减少75%的空气污染,减少97%的水污染和固体废物。

厨余垃圾。包括剩菜剩饭、骨头、菜根菜叶等食品类废物,经生物技术就地处理堆肥,每吨可生产0.3吨有机肥料。

有害垃圾。包括废电池、废日光灯管、废水银温度计、过期药品等,这些垃圾需要特殊的安全处理。

其他垃圾。包括除上述几类垃圾之外的砖瓦陶瓷、渣土、卫生间废纸等难以回收的废弃物,采取卫生填埋可有效地减少对地下水、地表水、土壤及空气的污染。

但是,对垃圾进行分类可不是件容易的事情,成千上万的城市人口每天都产生巨量的垃圾,未来的城市将以现代技术为手段,建立垃圾分类收集和加工处理系统。鼓励城市居民自觉地从垃圾中分出玻璃、金属、织物、废纸、家电、电池、有机垃圾等,并且将不同种类的垃圾放入不同颜色的垃圾箱内。共有三种颜色不同的垃圾箱,一种颜色的垃圾箱装食品垃圾,一种颜色的垃圾箱装普通垃圾,另一种颜色的垃圾箱装危险垃圾。

即使有的居民一时未将垃圾分类也无妨,随着人类计算机技术的发展,未来的垃圾箱将实现智能化,具有视觉、嗅觉的功能,智能垃圾桶能够对倒入其中的垃圾进行智能识别,安装在垃圾桶内的探测装置能利用垃圾的某些性质方面的差异,将垃圾分类。例如利用废弃物的磁性和非磁性差别进行

可回收物
废纸、废金属、废塑料、玻璃等

厨余垃圾
剩菜、剩饭、骨头、菜根、茶叶等

不可回收物
包括上述两种以外的,其他废弃物

垃圾分类收集

分类；利用粒径尺寸差别进行分类；利用比重差别进行分类，以及重力分选、磁力分选、涡电流分选、光学分选等。识别完毕后，通过操控系统，将垃圾自动进行分类。当垃圾快要装满垃圾桶时，智能垃圾桶就会对分类好的垃圾进行压缩打包。

针对人类生活中的食品垃圾和杂草植物垃圾等有机化合物垃圾，将来每个家庭可设立专门的生物垃圾箱。生物垃圾指可降解的有机化合物，如剩余食品、杂草植物等。这种垃圾箱对倒入其中的有机垃圾自动进行分解，变成可以施肥的肥料，城市居民可以在处理垃圾的同时，免费自造花肥。

垃圾经过分类处理后，不能一直放在垃圾桶里，还需要转运出去，否则城市就成垃圾山了。目前比较先进的中转垃圾的方法是采用管道输送。在瑞典、日本和美国，有的城市就是采用管道输送垃圾，并已经取消了部分垃圾车，这是目前最有前途的垃圾输送方法。智能垃圾箱的下端将与地下管道相连，四通八达的地下管道会将垃圾送往垃圾处理机构，进行回收利用。垃圾处理机构将可重复用的塑料、纸张、橡胶、金属、玻璃等回收送往再生厂，把没有回收价值的高热值垃圾送往焚烧厂焚烧、发电，还可以经过深加工，制成辅助燃料应用于其他行业，其他的东西可以送去堆肥，其中的有机物经二次发酵后再经处理，变成可应用于园林绿化的有机肥。经过这样处理后，无机物和其他不能回收的垃圾已经大大减量并且无害化，再送往填埋场填埋。

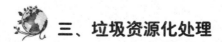

三、垃圾资源化处理

中国是"人口大国"，这就意味着，中国也是个"垃圾大国"。据有

关部门统计，全国每年仅城镇垃圾总量就达1.6亿吨。而对其处理，基本上采取的都是较为原始的"搬家政策"，这不仅传播细菌，污染环境，甚至会破坏生态平衡。同时，较为原始的垃圾处理方法，还使每年因此而丢掉价值高达250亿元的可再生资源。

事实上，垃圾可回收利用的东西很多，如废纸、废铁的再生产，一些包装物的再重复使用，一些资源进行能源转换等，都可以使之成为新的生产要素，重新回到生产和消费的循环中去，即科学、合理地处理垃圾。

美国"新兴预测委员会"和日本"科技厅"等有关专家预测：在未来30年间，全球在能源、环境、农业、食品、信息技术、制造业和医学等领域，将出现"十大新兴技术"，其中有关"垃圾处理"的新兴技术被排在第二位。

"电"在我们现实生活中是必不可少的重要组成部分。没有"电"的生活是不可想象的。我们知道目前"电"主要是通过煤的燃烧，在燃烧过程中将锅炉中的水加热为高压水蒸气，再由高压水蒸气推动蒸汽轮机高速转动，通过联轴带动发电机发电。发出的"电"通过变压器送到电线路，再经过变压器将电压变为用户使用的电压等级，连结到各种用电器上使之运行。

据国家资源部门介绍，中国的煤炭储量只有40年～50年的开采期。过了40年～50年中国煤炭资源就枯竭了。我们将要面临无"电"的日子。我们无法想象没有了"电"，我们的世界将是什么样子。我们的周围将是一片漆黑，没有电话、没有电视、机器不能运转、信息不能传送等，所以没有了"电"，我们的生活将会变得多么可怕。所以，我们必须开发新能源。

事实上，世界各国都面临这个严峻的事实。各国科学家包括中国的科学家在内都在研究如何解决将来煤炭资源用竭之后的发电问题，以解决人们生活中不可缺少的"电"。

目前，除了利用原子能发电和可再生能源发电外，还在研究利用垃圾发电。垃圾发电既清洁了我们的环境，又对生活垃圾进行处理。

欧洲议会专门批准了一系列文件，要求欧盟各国的垃圾填埋气体必须收集利用：奥地利、瑞典、法国对废旧回收先后制定法律法规，促使垃圾回收成为一种新的产业并得到蓬勃发展；瑞士、丹麦利用垃圾焚烧发电已占垃圾处理量的65%～75%。20世纪末，美国已有259个垃圾填埋场回收发电，装机容量超过750万千瓦；日本从废品中回收的铜占全国铜需求量的80%。

垃圾焚烧发电厂

就垃圾发电而言，其带来的利润也相当可观。目前对发电来说，一吨煤产生的热量是7000大卡～8000大卡，垃圾只有3000大卡左右，垃圾发电在热值上无法与煤炭相比，但跟煤炭一吨500元～600元的成本比起来，垃圾几乎不需要成本，这就让垃圾发电的利润回报显得十分优厚。就当前来看，美国每吨垃圾转换的电能在500千瓦～750千瓦左右，而在我国也已经达到400千瓦～500千瓦的转换。垃圾发电所带来的净利润在7%～9%左右。

利用垃圾发电主要的方法是焚烧发电。焚烧是一种对城市垃圾进行高温热化学处理的技术，将垃圾作为固体燃料送入炉膛内燃烧，在800℃～1000℃的高温条件下，垃圾中的可燃组分与空气中的氧进行剧烈的化学反应，释放出热量并转化为高温的燃烧气，然后再转化为电能。垃圾焚烧技术在西方发达国家已有很长的发展历史，最先利用垃圾发电的是

德国和法国，近几十年来，美国和日本在垃圾发电方面的发展也相当迅速，处于世界领先行列。我国在垃圾焚烧技术的研究、开发和应用方面起步较晚，相比之下，我国的垃圾焚烧设备的设计、生产、应用的水平和规模与发达国家的差距还很大，但是潜力巨大，前景广阔。

四、垃圾埋置与电浆气化

新加坡以"零"垃圾埋置而闻名于世，下面就以新加坡为例，说明垃圾埋置的操作过程。

新加坡以一尘不染的干净而出名，但是不久前，和大多数国家一样，新加坡把垃圾送到垃圾填埋场。随着新加坡人口的暴增，垃圾填埋空间日渐不足。都市规划师知道必须面对事实，否则都市就会瓦解。如意大利的那不勒斯，垃圾掩埋濒临饱和，政府当局将其关闭，垃圾堆满街道，市民暴动一触即发。面对这个大问题，新加坡政府采用全新的处理方法处理垃圾。总工程师应天胜的团队负责这个棘手的问题。应天胜知道不能把没处理的垃

上海垃圾焚烧发电厂

圾倒进外海，那会造成环境灾难，但是能否压缩新加坡的垃圾并将其安全堆到大型人工岛上呢?实现它必须克服极大的挑战。第一步是把新加坡垃圾的体积缩小到1/10，方法是焚化，但是传统的焚化炉会造成污染。大士南垃圾焚化厂是世界最大、最干净的焚化炉。大型焚化炉每天能燃烧3000吨垃圾。它的热度用来发电，触媒转化器净化大部分的废气，可是就算是高效能的焚化炉，还是会有恼人的副产品:灰烬。要怎么把有毒灰烬变成岛屿?工程师想出了一个大胆的想法，他们用六千多米长的岩堆在新加坡外海围出两座小岛，在外圈里放置11座相连的防水槽，这些防水槽能容纳0.11亿立方米的灰烬。1000名工人挖出23米深、306万立方米的软海泥。工程师必须防止垃圾里的毒物渗入海里。他们建造了不渗水的墙面，用海泥、海砂和高科技的聚乙烯膜堆砌。它能容纳灰烬，满足新加坡直到2040年的垃圾需求。大驳船把垃圾运到岛上，经过处理，当一座槽积满灰烬，垃圾填埋场就会派来推土机，再盖上一层优质的土壤，这片土地最后会变成草地，用肥沃土壤和青草掩盖住灰烬，结果一片绿意盎然的栖息地——实马高岛在新加坡的城市垃圾上诞生。

如果有任何有毒的物质渗出，就很可能毒害海洋生物甚至威胁人类健康，所以工程师要定期检查渗漏，取样检查水质，确保没有泄露。目前实马高岛没有任何污染问题，但是为了以防万一，科学家

"零"垃圾埋置

想出了天然的预警系统，50万株特地栽种的红树林，如果发生污染，这种植物就像矿坑壁的金丝雀，只要树根接触到一丁点污染，植物就会死亡，工程师便会立即采取行动。最后开发商可能把实马高岛改造成全新的都市，替新加坡制造宝贵的土地，这样垃圾可能创造出天堂般的列岛。以上这种做法的缺点是，为了创造岛屿还必须用焚化炉把垃圾烧成灰烬。如新加坡高效能再生能源的焚化炉，也会造成污染，焚烧过程中还是会产生二氧化碳和其他温室气体，甚至会将有毒物质排放到空气中，对人类健康造成危害。

作为新加坡唯一的垃圾埋置场，根据目前的埋置量，实马高岛垃圾埋置场预计将在2045年达到饱和点。新加坡寸土寸金，要再开辟另一个垃圾处理场谈何容易。为此，新加坡着手进行各种环保绿化方法，包括减少垃圾、废物利用以及垃圾循环。新加坡国家环境局负责策划减少垃圾的方案，其设定的长远目标是"零"垃圾埋置及"零"垃圾。

新加坡国家环境局设定了四个重要策略：

1.用焚化来减少垃圾体积。在新加坡本地，四个焚化场负责焚化可燃烧的垃圾，如此一来，可减少90%的垃圾体积，也减缓了实马高岛外垃圾埋置场被"填满"的进度。

2.垃圾循环。根据新加坡"环保绿化计划2012"，新加坡计划在2012年前达到60%的垃圾循环率。有鉴于此，国家环境局不断推广社区和工业废物循环。在社区垃圾循环方面，国家环境局的"全国循环计划"为每一家住户提供环保袋或环保盒，并每两个星期由指定的环保公司回收可循环垃圾。

3.减少垃圾埋置场的垃圾。在循环不可焚化的垃圾方面，新加坡也取得了有效成果，目前已有再循环建筑业废料和造船厂铜渣的设施。为了进一步减少垃圾埋置场的垃圾，一系列的再循环灰烬与淤泥也都在进行中。

4.减少垃圾。为了从源头抑制垃圾量的增长，新加坡国家环境局已与制造商和零售商研讨如何减少制造产品所需要的材料和包装，以及设计更好的环保产品。

除上述四项有效策略外，新加坡国家环境局还大力鼓励公众人士到实马高岛外垃圾埋置场进行休闲活动，以进一步了解新加坡的垃圾处理情况。在新加坡国家环境局积极的美化与绿化工作之下，现在的实马高西部堤岸已从原本的不毛之地变成风景秀丽的公园，是一个休闲娱乐的自然风景区。

在实马高垃圾岛，新加坡国家环境局不断采取开发措施。2005年7月16日，为了使实马高岛外垃圾埋置场成为一个天然休闲旅游胜地，新加坡环境发展与水资源部长雅国宣布正式开放实马高岛外垃圾埋置场，公众人士可前来参与各种休闲活动。2006年7月，新加坡国家环境局在实马高岛外埋置场的南端架设再生绿色能源系统，利用风轮机和日光接收板发电照明。自那时起，新加坡天文学会与公众在夜间也能到实马高岛观星、露营和举行烧烤晚会。为了给访问者提供一个舒适惬意的环境，2007年12月，国家环境局在实马高设立了一个访客中心，里面设有简报室、休闲室、资讯画廊以及饮食间。为进一步加强访客的体验，政府在2008年委托一个访客管理公司，专门为访客主持教育性的参观与策划实马高的休闲活动。

到目前为止，前来实马高岛外垃圾埋置场休闲的组织包括莱佛士多样性生态研究

实马高垃圾岛

博物馆、新加坡自然协会、新加坡钓鱼协会和新加坡天文学会。它们举办的活动包括潮间之旅、观鸟、钓鱼和观测天文活动。每年假期，新加坡本地的学校也积极安排学生前来实马高岛外垃圾埋置场参观。这个富有教育性的活动能让学生了解新加坡的垃圾处理系统和埋置场的设计与运作，并从中学习如何通过减少垃圾、废物利用以及垃圾循环来延长埋置场的可用寿命。

新加坡这个被称作赤道附近一个"小红点"的弹丸之地，不仅很好地处理了垃圾问题，还利用焚烧垃圾时产生的一千多摄氏度的高温发电，解决了自身的电力短缺问题。无疑，新加坡已经走在了变废为宝、绿色环保与可持续发展的前列。

下面谈一谈垃圾的电浆气化技术。电浆气化技术是一种可以取代焚化的新方法，它利用比太阳表面温度还要高的热力分化垃圾，但是不焚烧，还能给家庭提供用电。化学工程师克里斯·查普曼率先发掘了垃圾里的"金矿"。他的灵感来自于处理最致命的废弃物——化学武器的污染物，工程师把最危险的废弃物放进高科技焚化炉，炙热的高温把有毒化合物还原出构成的化学成分，最后只剩下固态渣和能源丰富的气体。查普曼的点子是改良这种科技，分化家庭垃圾，把产生的气体用来发电，即以电浆气化过程模拟太阳表面的状况，把垃圾蒸发，并且重新生成能供应未来城市的能源。

垃圾处理

这种方法有一个缺点，处理一吨垃圾需要的能源就能给700个家庭用一整年，这并不合算。查普曼需要大幅降低用电量，他想让垃圾进入电浆气化机前先变成小分子。在8.2米长的钢造容室里，用高温蒸气和氧气在底部喷上一层砂，砂的温度高达华氏1600度，不需要燃烧就能把垃圾变成气体和灰烬，进去是垃圾出来就是小分子了。把垃圾分化成小分子可以减少下一个阶段需要的能源：强大的气浆电能。当电浆弧转化器启动时，它会在两个电极之间传送650伏特的电力，形成一个电弧，就像闪电，把惰性气体导入电弧，就会有惊人的结果，它会形成华氏1.8万度的高温电浆柱，电浆又被称作物质第四态，在地球上很罕见，但在宇宙里到处都有。紫外线和高温破坏长链化学物，分解它们后会产生充满能量的挥发性气体。发电的潜力值远远超过系统运转的成本。高科技的回收系统把垃圾变成干净电力。焚化炉实验证明，它产生的电力是运转所需的5倍。如果未来都市都采用电浆焚化炉处理垃圾，能大幅减少有毒和温室气体排放。这种技术有可能让垃圾堆和掩埋场从麻烦变成金矿。垃圾变成能源，几乎不排放废气，还把垃圾变成现金。到2050年，垃圾运输的方式也可能大幅改变，先进的垃圾收集系统会取代耗油的垃圾车。垃圾进入住家外面的滑槽，然后高压空气让垃圾用时速65千米的速度穿越地底隧道到电浆焚化炉进行发电。先进的垃圾收集技术未来可能会让电浆气化过程更环保。

五、化腐朽为神奇——垃圾也能变肥料

城市生活垃圾中的有机物成分比如剩菜剩饭等，既不能用于重复使用又不能用于发电，因为它们的燃烧值很低，水分很大，即便如此，我们也不能将它们倒掉，这样会滋生各种细菌和苍蝇、蚊子之类，对城市环境会

微生物固菌发酵剂

造成破坏。目前人类对这种垃圾主要是采用堆肥的方式进行发酵处理，堆肥的处理方法是将混合垃圾进行静态发酵生产堆肥。堆肥适于乡村农家肥生产而非城市垃圾产业化处理。其缺点是有机物堆腐时间长，一般需3周至1个月，堆积污染严重，苍蝇、蚊子滋生，严重污染周边环境，给当地卫生防疫带来极大隐患。有机物降解不彻底，处理不充分，残留物仍会造成垃圾污染。有机物堆肥产品杂质多，而且对重金属等有害物质不能有效分离，长期使用堆肥产品，会造成土壤表面沉积，破坏土壤、危害农作物。

随着人类生物技术的迅速发展，人类将把微生物技术广泛地应用到有机垃圾肥料化处理的过程之中。微生物垃圾处理技术是在餐厨有机垃圾中加入微生物固菌发酵剂，让有益菌"吃垃圾"，我们吃剩的饭，细菌接着吃，细菌吃掉的餐厨垃圾会变成一袋袋淡黄色的粉末，这种粉末就是高能量的有机肥料。袋子里还有细菌吃不掉的骨头、塑料袋、筷子。这些处理不掉的垃圾仅占餐厨垃圾总量的2%～3%。

在这个"化腐朽为神奇"的工程中功劳最大的是微生物技术，把复合微生物菌撒到垃圾上，经过6～8小时，在一定温度、湿度的作用下，复合微生物菌就能吃干净垃圾，将动植物蛋白全部转化为菌体蛋白。这种菌体蛋白既可以做饲料，又可以做肥料，可真正实现变废为宝。

利用微生物技术实现垃圾处理的无害化达到100%、资源化95%。北京奥运会期间与运动员餐厅一墙之隔的微生物垃圾处理站就是将餐厨垃圾就地处理，实现了垃圾无运输、气味零排放。据介绍，很多城市的市长都参观过奥运会垃圾处理站，称其跳出了"将一种垃圾形式转化为另一种垃圾形式"的怪圈。同时，还取得了另一种良好的效果。比如微生物菌剂不断对土壤进行改良，提高土壤有机质含量，平衡土壤酸碱度。这些虽然无法用价钱衡量，但科学研究证明，土壤中每平方米的有机质提高0.1%就可以减少2.25吨的二氧化碳排放量。据此推算，如果两千多平方千米的果菜基地都采用这种微生物垃圾处理技术，每年可以减少800万吨的二氧化碳排放量，这样"沃土工程"的实现将不再遥远。

　　未来的每个城市家庭中都会有这种运用了微生物处理技术的小机器，人们用餐后把剩菜剩饭喂到小机器里，这台小机器吐出来的是可供家庭花园使用的袋装肥料，"这太神奇了！"未来的城市居民将摆脱剩菜剩饭等有机垃圾带来的烦恼。

六、医疗垃圾与电子垃圾的特殊处理

　　医疗垃圾是指在对人和动物进行诊断、化验、处置、应用和疾病预防等医疗活动的过程中产生的固态或液态废物。医疗垃圾的范围十分广泛，如各种使用后丢弃的针头、注射器、纱布、石膏、化验室和病理室废弃的各种标本、血样、各种塑料或玻璃容器、输液器、输液管、手术后的刀片和大量废弃物、大批一次性医院器械、病房污染的被褥和各种废弃药剂和塑料等。医疗垃圾所含的病菌是普通生活垃圾的10倍甚至上百倍，又是各种疾病的传染源，在国家环保总局编制的《国家危险废物名录》中，它被列为头号危险垃圾。在国际上，医疗垃圾与废弃物被称为人类的"超级杀手"。因为医疗垃圾本身带有病菌和病毒，医疗垃圾收集、运送、贮存、处置过程如果出现任何疏漏，都可能导致疾病传播和环境污染，将对环境

建
设
绿
色
城
市

和社会产生巨大的危害。

　　随着中国一次性医疗器械的广泛使用，医疗垃圾的产量以每年3%～6%的速度递增。2000年，全国共有医疗卫生机构324771个，病床317.7万张，年诊疗21.23亿人次，产生医疗垃圾100万吨左右。2003年非典型性肺炎的肆虐，2005年禽流感的爆发，让我们越来越清楚地看到加快医疗垃圾与废弃物设施的建设，提高医疗垃圾无害化处理、卫生填埋、焚烧技术和资源化综合利用的管理水平，使更多白色污染变成有机材料，防止医院交叉感染，营造安全的卫生环境等问题的重要性。

　　随着人们生活水平的提高，环保意识也逐渐增强，对医疗垃圾实行无害化处理的要求也越来越严格。发达国家普遍采用统一收运、集中焚烧的医疗垃圾收运处理方式，医疗垃圾收运处理系统由全密闭的收集、贮存、运输和焚烧处理设施组成，保证了收运过程中医疗垃圾不泄漏和有效地防止了病原体扩散。

　　未来医疗垃圾的处理技术，将采用热解处理工艺流程，而不是焚烧

大量的医疗垃圾

处理，热解处理工艺流程将分3个阶段完成：

（1）固体废物热解阶段：医疗废物在高温、缺氧、压力等条件下，有机物分子链开始断裂，产生出含有甲烷、一氧化碳、氢气、焦油、水蒸气等混合气体。其余转化为残炭。

（2）混合反应阶段：在混合气体反应装置内，通过特殊的工艺过程使混合气体中的焦油、水蒸气、残炭等转化为可燃气体，二氧化碳在此还原为一氧化碳。

（3）可燃气体体净化阶段：经热解反应罐和混合气体反应装置产生的可燃气体，经过冷却、过滤等净化处理后，即产生新的清洁可燃气，可达到工业用气标准和民用用气标准。

另外，等离子体技术也将广泛地应用于医疗垃圾处理。等离子体技术是用等离子体医疗垃圾热解炉对垃圾进行分解处理。传统的医疗垃圾焚烧一般采用传统的气、油燃烧方法，而采用这种气、油燃烧方法的焚烧炉，由于炉内温度不高极易产生二恶英，传染性病毒也不能被彻底处理，燃烧后的垃圾残渣作为生活垃圾填埋，时间一长会析出地面，对环境造成二次污染。等离子体技术为解决此类问题提供了好的途径，由于反应区的温度高达2000℃以上，可有效地分解对人类危害极大的剧毒物质，是一种用途广泛的环保新技术。该装置还可以用于城市生活垃圾、医用垃圾、石棉、电池、轮胎、PVC和其他工业有害废水和废气的环保处理。

伴随着网络信息时代的到来，电子工业迅猛发展，电子废弃物污染不可避免地摆在我们面前。电子废弃物俗称电子垃圾，小的如手机、MP3等电子产品，大的到电脑、洗衣机、电视机、电冰箱等家用电器。随着这些电子产品的陆续淘汰，每年都有大量电子垃圾产生；随着电子产品淘汰数量的迅猛增加，全世界每年产生的电子垃圾相当于新生产的电子产品的一半。电子垃圾的污染隐患在日益增大。据官方统计，中国目前拥有1.3亿台电冰箱、1.7亿台洗衣机、3.8亿台电视机和1600万台计算机。有专家估测，从2003年起，中国每年进入更新期的主要家电数量超过2000万台，其中冰箱约400万台、洗衣机约500万台、电视机约500万台、计算机约500万台，并且会逐年大幅度增加。如果把这些主要废旧电器一字排开，长度将超过1万千米。生活在我国城市的市民不时可以看到这样一些小商贩，他们骑着一辆车前挂着牌子的三轮车，在城市的街头或小区穿梭，大声吆喝着："回收旧电脑、旧彩电、洗衣机、热水器……"这些流动小商贩几乎承担了绝大部分的电子垃圾回收工作。在城市的旧货市场，也驻扎着多家电子产品回收店，店门口贴着广告牌：出售二手电脑，回收电脑、数码相机、打印机、电子产品。店里一排排柜上摆放着液晶显示屏、主机、笔记本电脑等，还堆积着各种类型的废旧电脑。这些现象也正是电子产品垃圾迅速增多的真实反映。

然而，电子垃圾可不像普通垃圾那么好处理，它不仅量大而且危害严重。特别是电视、电脑、手机、音响等产品，有大量有毒、有害物质，如电冰箱中的制冷剂、发泡剂是破坏臭氧层的物质；电视机显像管、电脑元器件含有汞、铅、砷、铬等各种有毒化学物质。而废电脑危害更大，制造一台电脑需要七百多种化学原料，其中50%以上对人体有害。一台电脑显示器仅铅含量平均就达到1千克。如果对废家电采用酸泡、火烧等简陋工艺进行处理，会产生大量的废液、废渣、废气，严重污染环境，对地下水和土壤造成严重污染，并最终导致人体中毒。

目前，由于中国尚未建立电子垃圾回收的正常渠道，小商小贩成为回收电子垃圾的主力军。他们回收废旧家用电器，对尚可使用的，稍作处理后又流入低收入家庭或农村；对不能使用的，拆解后对其中仍有一定使用价值的元件进行翻新改装，再次流入市场，而没有利用价值的部件扔掉后被填埋或焚烧，大量有毒物质因此污染土壤和地下水。

一则外媒拍摄的国外电子垃圾流入广东小镇贵屿的视频新闻引起很

大反响。根据公开的资料，地处粤东地区练江北岸的贵屿镇，每年回收处理的电子垃圾在百万吨级以上，被称为全世界最大的垃圾电子拆解基地。在那里，人们焚烧废旧电线和电缆，用硫酸水冲洗线路板，那些无法再回收的垃圾则被再次焚烧或就地堆砌。当地的环境被严重污染，空气污浊，污水横流，土壤毒化。

其实废旧电子产品有很大的利用价值，可以被人类有效地利用。报废的电子产品中含有多种贵金属，经过对电子产品的分拆和提炼处理，可以回收金、银、铜、阳极泥。西方发达国家借助它们先进的科学技术和完善的立法，对大量的电子垃圾进行了很好的回收、利用。加拿大诺

电子废弃物

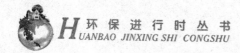
建
设
绿
色
城
市

兰达公司近年来非常重视从废弃电子产品中回收铜、银、铂、钯等贵金属。2000年该公司70亿加元的营业额中，有4亿加元来自回收业，而回收业的货源中有3/4是电子产品。在诺兰达公司眼中，使用过的电子产品具有极大价值，因为从废弃电子产品中提炼出来的金属数量高于从同等数量的矿石中提炼出来的金属数量。在美国，电子垃圾拆解已经形成了很专业的分工，有专门负责拆解的公司，有专门负责电路板回收的公司，有专门提炼贵重金属的公司等。由于专业化处理，美国电子垃圾的回收再利用率达到97%以上，也就是说最后只有不到3%的东西被当作垃圾埋掉。德国废旧电器回收厂普遍采用了一种电子破碎机来分选废旧电器中的有用物和废物。其流程是，先用人工拆卸的方法将废旧电器中

土壤毒化

的含有有毒物质的器件取出，如电视显像管、荧光屏等。然后将剩余部件放入破碎机中，第一步通过磁力分选、分离出铁，第二步进入涡流分选、分离出铝，第三步通过风力分离出塑料等较轻物质，剩下的是铜和一些稀有贵金属。这些分选出来的金属，会根据它的含金量卖给终端处理厂。其废旧电器的回收再利用率达90％以上，这样的一套设备年处理废旧电器达3万吨。

可以说，面对日益膨胀的电子垃圾以及严重的环境污染，电子垃圾处理、回收、利用巨技术成为解决这一问题的关键。随着电子垃圾的日益增多，电子垃圾处理技术将成为新的技术热点，它对保护人类的生存环境、促进人类的可持续发展，都具有十分重要的意义。未来在电子环保发展技术和装备方面，将向以下六个方面发展：一是代替Sn／Pb焊料和含溴阻燃剂的生产工艺、技术；二是CRT和LED显示器的拆解、循环利用和处置的成套技术装备；三是废弃产品破碎、分选及

废弃电冰箱

无害化处置的技术和装备；四是家用电器与电子产品无害化或低害化的生产原材料和生产技术；五是废弃电冰箱、空调器压缩机中CFCs制冷剂、润滑油的回收技术与装备；六是电子电器产品回收的人工智能系统技术。

第三章

共同的环境，需要我们
共同来维护

一、保护环境的呼声

18世纪的工业革命使人类社会的生产有了巨大进步，但是它在给人类带来福音的同时，由于工业对煤、石油、天然气等资源的过度开采、使用，也带来了严重的环境污染。

温室效应就是日益困扰人类社会的一大难题。全球变暖是指全球气温升高。近100年来，全球平均气温经历了冷—暖—冷—暖两次波动，总体上看为上升趋势。进入20世纪80年代后，全球气温明显上升。1981年至1990年全球平均气温比100年前上升了0.48℃。导致全球变暖的主要原因是人类在近一个世纪以来大量使用矿物燃料，排放出大量的二氧化碳等多种温室气体。由于这些温室气体对来自太阳辐射的短波具有高度的透过性，而对地球反射出来的长波辐射具有高度的吸收性，也就是常说的"温室效应"，导致全球气候变暖。全球变暖的后果，会使全球降水量重新分配、冰川和冻土消融、海平面上升等，既危害自然生态系统的平衡，更加威胁人类的食物供应和居住环境。

全球变暖对人类活动的负面影响可谓巨大而深远，其中最直接的负面影响就是导致了海平面的不断上升。

据英国官方公布的统计数据，在过去的20年

冻土消融

建设绿色城市

中，由于泰晤士河的水位随全球变暖而升高，当地政府机构不得不先后88次加高防洪堤坝，以保障伦敦居民的生命财产安全。

海平面的上升严重影响沿海和岛国居民的生活，使之受到威胁。如果极地冰冠融化，那么经济发达、人口稠密的沿海地区就会被海水吞没，马尔代夫、塞舌尔等低洼岛国将从地面上消失，上海、威尼斯、香港、里约热内卢、东京、曼谷、纽约等海滨大城市以及孟加拉、荷兰、埃及等国也将难逃厄运。

而且，温室效应对人类健康同样会造成不利影响。人类健康取决于良好的生态环境，全球变暖将成为21世纪影响人类健康的一个主要因素。极端高温将使下个世纪人类健康的困扰变得更加频繁、更加普遍，主要体现为发病率和死亡率增加，尤其是疟疾、淋巴腺丝虫病、血吸虫病、钩虫病、霍乱、脑膜炎、黑热病、登革热等传染病将危及热带地区和国家，某些目前主要发生在热带地区的疾病可能随着气候变暖向中纬度地区传播。

经济的发展和人类社会的进步与人类对能源的开采、使用就像是一对矛盾共生体。这就如《圣经》中所提及的"原罪"，全球气温变暖的"原罪"就是人类社会对能源的使用，人们无法彻底消除温室效应，只有尽量地降低温室气体的排放，以遏制全球气温不断变暖。

20世纪90年代以来，温室气体的排放对环境所造成的影响已经引起了世界各国的关注。许多国家呼吁各国政府以及全人类一起行动起来，在全球范围内控制温室气体的排放，以此来拯救我们全人类共同拥有的唯一的地球。 对于"全球变暖"问题的危害，人类社会的认识并不是一开始就那么明确和强烈。从一开始知道温室效应，到逐渐意识到问题的严重性和急迫性，国际社会花了几十年的时间。而这从某种程度上来讲，就错过了治理的最佳时间。 在20世纪60年代之前，无论是原始经济时期、农业经济时期，还是工业经济时期，追求GDP的增长这样一种发展观一直统治着人们的认识。发展主要是按经济增长来定义的，以工业化为主要内容，以国民生产总值或国民收入的增长为根本目标，认为有了经济增长就有了一切。

在这个时期，虽然早已经有学者提出有关"温室效应"的学说。但是发展经济的"冲动"早已使得各国忽视了这一问题。甚至在很多人看来，环境是可以治理的，等到国家的经济实力足够强大时，再来治理之前所造成的环境伤害也是"亡羊补牢，未为迟也"。

然而，这种高速的经济增长，不仅加剧了通货膨胀、失业等固有的社会矛盾，而且加剧了南北差距、能源危机、环境污染和生态破坏等更为广泛而严重的问题。在那个经济高速发展的时期，环境问题也以同样甚至更快的速度恶化。

1962年，美国出版了蕾切尔·卡逊的《寂静的春天》一书，书中列举了大量污染事实，轰动了欧美各国。该书以生动而严肃的笔触，描写了因过度使用化学药品和肥料而导致环境污染、生态破坏，最终给人类带来不堪重负的灾难。当时美国的一些城市已经出现了比较严重的环境污染，但政府的公共政策中还没有关于"环境"的条款。书中指出：人类一方面在创造高度文明，另一方面又在毁灭自己的文明，环境问题如不解决，人类将"生活在幸福的坟墓之中"。

《寂静的春天》犹如旷野中的一声呐喊，敲响了人类因为破坏环境而受到大自然惩罚的警世之钟。霎时间，全世界各地的环保组织如雨后春笋般迅速地发展开来，这些环保组织有政府的，也有非政府的。

在这一阶段，人们提出了许多发展的观点，其中最重要的是联合国《第一个发展十年》中提出的重要结论：单纯的经济增长不等于发展，发展本身除了"量"的增长要求以外，更重要的是要在总体的"质"的方面有所提高和改善。

这一观点的提出，标志着国际社会开始正视人类所面临的环境问题。人们开始真正意识到环境问题的重要性。另外，各国政府也开始积极响应

民众的呼声，纷纷尝试对本国国内的环境问题进行评估，并试图去制定相应的应对方案。

与此同时，在国际合作方面，政府之间的一些有识之士开始感觉到一个新的国际化议题正在形成。加强各国之间的环境合作势必成为各国今后外交的一大新内容。

所有的这些事件和因素，都促成了1972年斯德哥尔摩联合国人类环境会议的召开。

1972年，在瑞典斯德哥尔摩召开的联合国人类环境大会是人类历史上最早的关于环境问题的国际性会议。总共有113个国家参加此次大会，会议讨论了保护全球环境的行动计划，通过了《人类环境宣言》。并且，会议建议联合国大会将这次会议开幕的6月5日定为"世界环境保护日"，这就是该节日的由来。

在斯德哥尔摩会议召开的同年6月16日，联合国第21次全体会议通过了《联合国人类环境会议宣言》，呼吁各国政府和人民为维护和改善人类环境，造福全体人民、造福后代而共同努力。

为引导和鼓励全世界人民保护和改善人类环境，《人类环境宣言》郑重宣布会议提出和总结的7个共同观点和26项共同原则。

这7个共同观点是：

（1）人是环境的产物，同时又有改变环境的巨大能力。

（2）保护和改善环境对人类至关重要，是世界各国人民的迫切愿望，是各国政府应尽的职责。

（3）人类改变环境的能力，如妥善地加以运用，可为人民带来福利；如运用不当，则可对人类和环境造成无法估量的损害。

（4）发展中国家的环境问题主要是发展不足造成的，发达国家的环境问题主要是由于工业化和技术发展而产生的。

（5）应当根据情况采取适当的方针和措施解决由于人口的自然增长

给环境带来的问题。

（6）为当代人和子孙后代保护和改善人类环境，已成为人类一个紧迫的目标；这个目标将同争取和平、经济和社会发展的目标共同、协调地实现。

（7）为实现这一目标，需要公民和团体以及企业和各级机关承担责任，共同努力。各国政府要对大规模的环境政策和行动负责。对区域性、全球性的环境问题，国与国之间要广泛合作，采取行劫，以谋求共同的利益。

保护环境 人人有责

26项共同原则归纳起来有六个方面：

（1）人人都有在良好的环境里享受自由、平等和适当生活条件的基本权利，同时也有为当今和后代保护和改善环境的神圣职责。

（2）保护地球上的自然资源。

（3）各国在从事发展规划时要统筹兼顾，务必使发展经济和保护环境相互协调。

（4）调整各国的人口政策。

（5）一切国家，特别是发展中国家应提倡环境科学的研究和推广，相互交流经验和最新科学资料。鼓励向发展中国家提供不造成经济负担的环境技术。

改善人类环境

（6）各国应确保国际组织在环境保护方面的有效合作。

《人类环境宣言》是人类历史上第一个保护环境的全球性宣言，第一次为国际环境保护提供了各国在政治上和道义上必须遵守的规范，总结和概括了制定国际环境法的基本原则和具体原则，并为各国国内环境法的发展指出了方向。7个共同观点和26项共同原则成为各国制定本国环境政策和环境外交策略的参考标准。

1972年的斯德哥尔摩人类环境会议是国际社会就环境问题召开的第一次世界性会议，标志着全人类对环境问题的觉醒，是世界环境保护史上第一个路标。这次会议对推动世界各国保护和改善人类环境发挥了重要作用和影响。

斯德哥尔摩人类环境会议的历史功绩在于，将环境问题严肃地摆在了人类的面前，唤起了世人的警觉，达成了世界各国的广泛共识，开始把环境问题提上了各国政府的议事日程，并与人口、经济和社会发展联系起来，统一审视，寻求一条健康、协调的发展之路。

1972年斯德哥尔摩人类环境会议中提出了"只有一个地球"的概念，对激励和引导全世界人民奋起保护地球起到了积极的作用，标志着环境保护开始了一个新的伟大时代，具有重大的历史意义。从此，人类社会走上了一条以保护环境、保护人类共同的家园为主要任务的全球性的"复兴运动"。

值得一提的是，中国政府也参加了斯德哥尔摩人类环境会议。1972年，周恩来总理毅然决定派遣代表团出席联合国在斯德哥尔摩召开的人类环境会议，让闭目塞听的中国人走出国门，睁开眼看世界。这不仅表现了中国领导人高瞻远瞩的政治远见，而且向世界各国传递了这样一个讯息，那就是，中国是一个有国际责任的国家，愿意也有能力参与全球环境问题的解决。

对中国而言，1972年斯德哥尔摩人类环境会议无疑是一次意义深远的环境保护启蒙，使中国开始看到了自身的环境顽疾。1973年，在周恩来亲自过问下，北京召开了我国第一次环境保护会议。它犹如一把钥匙，打开了我国环境保护的大门。我们开始认识到自己国家所面临的环境问题的严重性。从此，我国的环境保护事业开始了艰难的起步。

🌍 环境谈判进行时

自斯德哥尔摩第一次人类环境会议以后，各国的环境保护意识逐渐增强。从1972—1992的20年中，以发达国家为首的许多国家在环境保护方面做了大量卓有成效的工作，对环境污染的治理取得了很大的成功。

另外，中国、印度等发展中国家也对全球气候变暖的问题给予了足够的

人们的环境保护意识增强

建设绿色城市

重视。中国作为众多发展中国家中的一员，积极参与了1992年联合国环境与发展大会的各项工作，表现出我国政府对于应对全球环境危机、促进经济可持续发展的积极态度。

在此之前，1991年6月18日和19日，中国政府发起并在北京主办了第一届"发展中国家环境与发展部长级会议"，参加会议的有41个发展中国家的部长、9个列席会议的国家代表、7个列席会议的国际组织代表。依据各发展中国家对环境与发展重大问题的观点和建议，最后发表了著名的《北京宣言》，对于发展中国家在处理全球环境与发展问题的国际行动方面具有重要的意义。

但是综观全球，人类所面临的环境污染的形势仍旧十分严峻。人类不得不面对这样一个现实，那就是，当时各国所掌握并运用到实践中的用于解决环境污染的技术和力度，无法与因人类社会不断发展经济而引发的新的环境问题的速度相适应。换句话说，就是原来的旧问题没有彻底解决，同时又有新的环境问题不断产生。

在这种局面下，原来的《联合国环境宣言》的格局已经不再适应，国际社会迫切需要一个全新的、具有国际法意义的可行性文件。因此，以《联合国气候变化框架公约》为主的一系列文件随即应运而生。

《联合国气候变化框架公约》于1992年5月在联合国纽约总部通过，但当时并未正式开放签署。

1992年6月3日—14日，联合国环境与发展大会在巴西里约热内卢召开。这是继1972年6月瑞典斯德哥尔摩联合国人类环境会议之后，环境与发展领域中规模最大、级别最高的一次国际会议。里约热内卢会议共有183个国家的代表团和联合国及其下属机构等70个国际组织的代表参加，更有102位国家元首或政府首脑亲自与会，不论是会议的规模，还是规格都"可见一斑"。因此，此次会议也被称为"地球首脑会议"或者"地球高峰会议"。

1992年联合国环境与发展大会的会徽是一只巨手托着插着一支鲜嫩树枝的地球，其寓意是"地球在我们手中"。这次大会的宗旨是回顾第一次人类环境大会召开后20年来全球环境保护的历程，敦促各国政府和公众采取积极措施，协调合作，防止环境污染和生态恶化，为保护人类生存环境而共同作出努力。

　　此次大会是在全球环境持续恶化、发展问题日趋严重的情况下召开的。会议紧紧围绕着"环境与发展"这一主题，在发展中国家阵营和发达国家集团之间就维护发展中国家主权和发展权，以及发达国家提供资金和技术等根本问题上进行了艰苦地谈判。

　　时任中国总理李鹏应邀出席了首脑会议，并发表了重要讲话，同与会的其他国家进行了广泛的高层次接触。国务委员宋健率中国代表团参加了部长级会议，并代表中国在会议上作了重要发言，明确地表明中国政府在保护环境方面的积极态度。

　　《联合国气候变化框架公约》于1994年3月开始生效，奠定了应对气候变化的国际合作的法律基础，建立了一个具有权威性、普遍性、全面性的国际框架。

　　《联合国气候变化框架公约》是世界上第一个为全面控制二氧化碳等温室气体排放，以应对全球气候变暖给人类经济和社会带来不

地球高峰会议

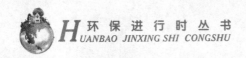
建
设
绿
色
城
市

利影响的国际公约，也是国际社会在对付全球气候变化问题上进行国际合作的一个基本框架，为此后能在国际范围内进行进一步的国际间资金和技术的交流奠定了基础。

为了使《联合国气候变化框架公约》的各缔约方能够切实履行公约框架下各自的义务，《联合国气候变化框架公约》规定每年举行一次缔约方大会，但是由于各方面的原因，首次缔约方大会直至1995年才在德国首都柏林举行。

1995年4月7日，为期11天的《联合国气候变化框架公约》缔约方第一届会议在德国柏林国际会议中心闭幕，会议通过了《柏林授权书》等文件。文件认为，现有《联合国气候变化框架公约》所规定的义务是不充分的，同意立即开始谈判，就2000年后应该采取何种适当的行动来保护气候进行磋商，以期最迟于1997年签订一项议定书，议定书应明确规定在一定期限内发达国家所应限制和减少的温室气体排放量。授权书说，新的谈判不应增加发展中国家的义务。

依据《联合国气候变化框架公约》的有关规定，截至2000年，各缔约的发达国家应将其影响气候变化的温室气体排放量降至1990年的水平，但《联合国气候变化框架公约》尚未规定2000年后这些国家该如何进一步行动。会议决定，将《联合国气候变化框架公

德国波恩

约》的办事机构之一——常设秘书处设在德国波恩。包括中国代表团在内的116个《联合国气候变化框架公约》缔约方的代表出席了此次会议。

《柏林授权书》的签订，表明《联合国气候变化框架公约》各缔约方开始意识到各国环境问题的日益严峻，而原有的公约框架已经不能够对彼此共同或者各自所面临的实际环境问题做出具有实质性的、有效的应对措施。一份关于规定具体的、可操作的、切实可行的国际间环境保护合作事宜的文件呼之欲出。

1996年《联合国气候变化框架公约》第二次缔约方大会在瑞士日内瓦召开。

日内瓦大会就前次会议中与会的各缔约方订立的《柏林授权书》中所涉及的议定书起草问题进行进一步的讨论。会前，各国代表团均寄希望于本次会议能够在原有的《联合国气候变化框架公约》以及《柏林授权书》的框架之下，通过新一轮的谈判，确立一个能够明确在一定期限内发达国家所应限制和减少的温室气体排放量的可行性文件。

然而，由于与会各缔约方及各利益集团彼此之间利益冲突过于激烈，经过多轮艰难的谈判仍旧未获一致意见，最后决定由全体缔约方参加的"特设小组"继续讨论，并向第三次缔约方大会报告结果。

总体上看，日内瓦大会也不是一无所获，大会最后通过了其他涉及发展中国家准备开始信息通报、技术转让、共同执行活动的决定。

 ## 二、《京都议定书》：剑指温室气体

1997年12月，各国代表在日本京都经历了漫长的争吵之后，终于疲惫地举杯庆祝新协议——《京都议定书》的诞生。根据这份协议，从2008年

到2012年期间，主要工业发达国家的温室气体排放量要在1990年的基础上平均减少5.2%。发展中国家无须承担减排义务，但被邀请在自愿的基础上参与。

这是自《联合国气候变化框架公约》签署以来，世界各国政府在应对气候变化不利影响的进程中迈出更远的一步。《京都议定书》，全称为《联合国气候变化框架公约——京都议定书》，终于形成了关于限制二

人们欢呼《京都议定书》的签订

氧化碳排放量的成文法案，为工业国家制订了减排温室气体的目标。作为《联合国气候变化框架公约》的补充条款，它被认为是国际环境外交的里程碑，是第一个具有法律约束力，旨在防止全球变暖而要求减少温室气体排放的条约，它为以后制定相关的国际法律文书奠定了基础。《京都议定书》共有28条正文及2个附件。正文分别介绍了定义、针对发达国家和经济转型国家缔约方的措施、减排目标、承诺等主要内容。《京都议定书》附件规定了国家的量化减排指标，即2008年至2012年其温室气体排放量在1990年的水平上平均削减5.2%。《京都议定书》中规定了6种温室气体，分别是二氧化碳、甲烷、氧化亚氮、氢氟碳化物、全氟化碳、六氟化硫，还规定了排放贸易、联合履行和清洁发展机制这三种"灵活机制"来帮助附件一所列缔约方以成本有效的方式实现其部分减排目标。排放贸易和联合履行主要涉及附件一所列缔约方之间的合作；而清洁发展机制涉及附件一所列缔约方与发展中国家缔约方之间在二氧化碳减排量交易方面的合作关系。

建设绿色城市

对于发展中国家格外关注的清洁发展机制，《京都议定书》规定清洁发展机制的目的是"协助未列入附件一的缔约方实现可持续发展和有益于《联合国气候变化框架公约》的最终目标，并协助附件一所列缔约方实现遵守第三条规定的其量化的限制和减少排放的承诺"。

清洁发展机制主要具有三个条件：建立在自愿的基础上；须证明有与减缓气体相关的实际且可衡量的长期效益；排放削减是对在的项目活动下发生的任何排放减少的额外补助。

《京都议定书》规定，它在"不少于55个参与国签署该条约并且温室气体排放量达到附件一中规定所列国家在1990年总排放量的55%后的第90天"开始生效。因此虽然早在1997年各缔约方既达成协议，但直到2005年2月16日《京都议定书》才强制生效。

《京都议定书》于1997年开放签署，1998年5月29日，中国常驻联合国代表秦华孙大使代表中国政府在联合国秘书处签署了《京都议定书》，中国成为《京都议定书》的第37个签约国。2002年5月23日，冰岛成为第55个签约国。

但由于占1990年附件一所列国家温室气体排放总量36.1%的美国，在此前已经以"减少温室气体排放将会影响美国经济发展"和"发展中国家也应该承担减排和限排温室气体的义务"为借口拒绝批准《京都议定书》，这就意味着要使《京都议定书》达到生效条件，需要除

减排研讨会

美国以外几乎所有其他附件一国家的批准。而其中，作为世界第四大温室气体排放国，1990年温室气体排放量占附件一所列国家排放总量17%的俄罗斯的态度，尤为引人关注。

建设绿色城市

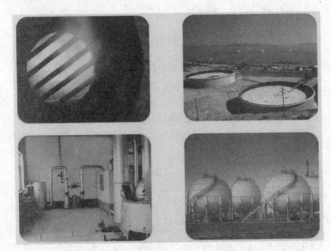

新能源技术

但对于是否批准《京都议定书》的问题，俄罗斯国内也一直存在非常激烈的争论。反对者认为，批准议定书将阻碍俄罗斯经济的发展，妨碍普京总统提出的在未来10年里GDP每年递增10%以上目标的实现。从经济利益的角度考虑，俄罗斯担心美国作为全世界温室气体排放量的大国宣布退出《京都议定书》后，国际市场对减排配额的需求大大减少，这样使俄罗斯的减排配额出现供大于求的情况，也会使俄罗斯陷入不利的局面。而从俄罗斯的国内因素考虑，为落实《京都议定书》，俄罗斯也需要耗费大量的资金来建立一个与国际社会相配套的温室气体调控体系，开发新能源技术并对现有的技术设备进行改造。

正是出于以上因素的考虑，2003年9月29日，普京在世界气候变化大会上宣布俄罗斯将不急于批准《京都议定书》，这无疑使本来就挣扎在生死线上的《京都议定书》雪上加霜。

为挽救《京都议定书》，欧盟和广大发展中国家向俄罗斯等国做出让步。一方面，2001年11月10日，在摩洛哥召开的第七次缔约方大会上，通过了关于议定书实施规则的一揽子协议——《马拉喀什协定》，将部分发达国家的减排义务从5.2%降为1.8%。另一方面，欧盟则以同意支持俄罗斯加入世界贸易组织作为俄罗斯批准《京都议定书》的重要筹码。

2004年11月5日，经过反复思索，俄罗斯终于在《京都议定书》上签字。根据议定书规定，90天后，即2005年2月16日，《京都议定书》最终得以生效。

三、《巴厘路线图》：给减排定下目标

由于《京都议定书》只规定了截至2012年12月31日的第一承诺期中附件一所列国家的减排义务。因此，伴随着第一承诺期截止日期的临近，尽快就2007年-2009年的缔约国谈判进程指明方向和时间表，进而为2012年以后的减排任务做出相应的体制安排，已经成为各国在2007年第十三次缔约方大会上的首要任务。

12月的巴厘岛本应是雨季，这一年却一反常态地不下雨。

从2007年12月3日开始，《联合国气候变化框架公约》第十三次缔约方大会和《京都议定书》第三次缔约方会议在印度尼西亚的巴厘岛举行。联合国秘书长潘基文、6个国家的元首、一百多个国家的部长以及一万多名各国和机构代表参加了这次会议。在代表们疲惫的掌声中，巴厘岛会议通过了《巴厘路线图》，为2012年之后的"后《京都议定书》"谈判定下了明确的时间表。

减排目标：最棘手的问题

本次大会最棘手的问题就是减排的目标。按照IPCC的建议，为了把地球平均气温的升幅控制在2℃之内，发达国家就必须在2020年把温室气

体排放量在1990年的基础上减少25%～40%，并在2050年时减少至2000年排放量的一半以下。

对于IPCC的建议，欧盟极力争取将其写入路线图中，但却遭到美国的强烈反对，而广大的发展中国家也不愿意把具体的减排数字列入其中，因为这很可能意味着他们也将被迫承担具有法律效力的减排指标。

IPCC召开环境会议

因为三方均不愿让步，谈判一度陷入僵局。原定12月13日中午前必须起草一份路线图送交各国部长讨论，结果直到13日15时还没有任何消息。当晚，刚领取诺贝尔和平奖的美国前副总统戈尔亲临会场并公开指责美国是"阻碍谈判的罪魁祸首"，他还请求谈判代表们不要被美国缚住手脚，应该绕开它继续前行。

12月14日，大会预定结束日。本应在晚上召开的全会一直拖到午夜都没有召开的迹象。最后，从大会组委会传来消息，全会将在周六上午8时举行。

12月15日，在最后时刻谈判陷入了僵局。印度代表要求把路线图中针对发展中国家的条款中的三个形容词——"可衡量的""可报告的"和"可印证的"从文件的开头放到结尾。这一看似毫无意义的变动却改变了整个段落的含义，这三个原本用来形容发展中国家减排指标的形容词，将用在发达国家技术转让义务上面。大会被迫休会，谈判面临破裂的局面。

此时，联合国秘书长潘基文与印尼总统苏希洛一起抵达会场。潘基文说：“没有人会完全满意地离开这个大厅。任何人都必须在相互尊重、相互理解和灵活性的基础上准备做出妥协。”苏希洛也发表了措辞诚恳的讲话，请求谈判双方采取灵活的态度，保证路线图按时出炉。

也许是印尼总统和联合国秘书长的演讲改变了会议的气氛。许多发展中国家对美国在谈判中缺乏灵活性进行了强烈的抨击。来自乌干达的代表说：“我恳求你们了！”一个非政府组织的成员高喊道：“如果你不想发挥领导作用，请让开！”反对美国的气氛达到了高潮，南非、马里、牙买加、坦桑尼亚等随后加入声讨的浪潮。在全场观众的嘘声和各国代表措辞严厉的声讨中，美国首席谈判代表葆拉·多布里扬斯基第二次请求发言，宣布美国将同意签署路线图，从而保证了《巴厘路线图》的按时出台。

大会所通过的《巴厘路线图》是一份妥协的产物，IPCC为减排制定的三项硬性指标被删除，只是以一个注脚的形式出现在不起眼的位置；发展中国家要施行可衡量的、可报告的和可印证的减排要求也被去掉，发展中国家可以继续在没有压力的情况下自愿减排。

在《巴厘路线图》中，1992年《联合国气候变化框架公约》所确定的

《巴厘路线图》解决全球变暖问题

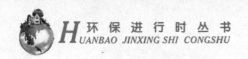
建
设
绿
色
城
市

共同但有区别的原则被坚持。正是在这一原则的指导下，《联合国气候变化框架公约》为各国规定了不同的权利和义务。

共同责任，是因为由于气候变化不分国界，气候变化给地球带来的灾难也是不分国界的，所以为了应对全球性的气候变化，所有的国家都无一例外地应当承担起应对气候变化的责任。区别责任，即由于发达国家与发展中国家对气候升温的责任比重不同，且考虑到发达国家与发展中国家实际的发展情况，而有区别地承担应对气候变化的责任。

根据共同但有区别责任，《联合国气候变化框架公约》将缔约方分为三类：附件一国家、附件二国家、发展中国家，并相应规定了三类国家各不相同的权利和义务。

附件一国家，是指工业化国家和经济转型国家。《联合国气候变化框架公约》要求这些国家应当个别或共同采取行动，使全球温室气体的排放量恢复比1990年的水平。为实现这一目标，1997年《京都议定书》规定，在2008年—2012年之间，附件一国家应将其温室气体排放量比1990年的排放水平减少5%，并分别为这些国家规定了具体减排指标。

附件二国家，是指附件一国家中的工业化国家。《联合国气候变化框架公约》要求这些国家除承担减排义务外，还要为发展中国家提供新的额外资金，用于补偿发展中国家履行公约所需要的全部增加成本；同时《联合国气候变化框架公约》还规定这些国家有向发展中国家转移用于缓解和适应气候变化的先进技术的义务。

而对于发展中国家，《联合国气候变化框架公约》仅仅要求承担研究、监测、报告、宣传、培训教育等一般义务，但是鼓励发展中国家自愿减排。

《联合国气候变化框架公约》规定了共同但有区别责任的原则，但许多发达国家认为区别责任只是道德原则，并非是法律原则，即使发达国家接受了这一原则，也并不表明默许发展中国家的责任可以减少。对于共同但有区别责任原则的不同理解，是发达国家和发展中国家在气候变化问题谈判中的根本分歧所在。

在巴厘岛会议中，面对2012年以后应对气候变化的各国责任，发展中国家坚持共同但有区别责任的原则，强调按照《联合国气候变化框架公约》和《京都议定书》所确定的轨道继续加强公约和议定书的实施；发达国家则力图在《京都议定书》第一承诺期到期后推翻《联合国气候变化框架公约》与《京都议定书》原有的模式，重新建立一个新的模式以及法律文件。

《巴厘路线图》及其各大阵营

2007年12月11日，欧盟提出路线图草案并建议：2020年之前，附件一国家在1990年的水平上减排25%～40%，不为发展中国家设定新的义务。为了给各国预留批准相关法律文件的时间，谈判应在2009年底完成。

围绕这份草案，巴厘岛会议与会各国划分成了几个彼此尖锐对立的阵营。

首先是美国，如同对待《京都议定书》一样，美国对草案仍然持反对意见。美国坚持认为承担减排义务将损害美国经济，并且在发展中国家，特别是印度和中国这种排放量大国没有承担减排义务的情况下，美国是不会接受草案设定的方案的。

其次是欧盟，在全球应对气候变化的谈判过程中，作为低碳先进技术的主要掌握者，欧盟一直是公约和议定书强有力的推动者。对于美国的消极态度，欧盟软硬兼施，如果

美国对《巴厘路线图》发表演讲

建设绿色城市

美国同意其提出的《巴厘路线图》，欧盟将直接承诺减排30%，否则将抵制美国倡议的主要经济体会议。对于发展中国家，欧盟既不强制其承担义务，但也不反对美国对发展中国家提出减排要求。

　　而在由日本、澳大利亚、新西兰、加拿大等国组成的伞形国家集团中，早在巴厘会议召开之初，日本就旗帜鲜明地反对设定总体目标，而该集团中的澳大利亚、新西兰和加拿大则一直处于摇摆状态，拒绝表明立场。由于美国态度的强硬，这些国家也开始向美国倾斜。不过这些国家只是在总体目标和谈判时间表上支持美国，并没有明确要求发展中国家承担减排义务。

对于俄罗斯而言，由于在苏联解体后，俄罗斯经济持续衰退，造成在1990—2005年间，俄罗斯温室气体的排放总量减少了28.7%，而《京都议定书》也只要求俄罗斯2012年的排放量与1990年持平。因此，谈判时间表和

贫困的人们

总体目标对其并无利害关系。但是为了谋求应对气候变化进程中的领导地位，俄罗斯一直推动发展中国家自愿承诺减排，因此，在这一点上俄罗斯的立场基本与美国一致。

　　此外，77国集团与中国等发展中国家除一致要求美国承担义务之外，由于成员众多，缺乏共同利益，也未能就路线图形成广泛共识。其中小岛国联盟，特别是一些马上面临被海水淹没的岛国，对于缓解气候变化的要求最强烈，一直坚持最激进的谈判立场；而印度，虽然与中国处于相同的谈判地位，但却认为印度有4亿贫困人口，而中国则没有如此庞大的能源

赤贫人群，因而主张中国应当承担减排义务，而自己却不应承担强制义务。

时间表：美国的让步

《巴厘路线图》要求各国应在2009年12月的第十五次缔约方大会上，通过一项旨在2012年之后继续实施公约的法律文书。为此目的，各国立刻启动全面的谈判进程，议题是充分、有效、持续实施公约的长期合作行动。这是《巴厘路线图》最重要的内容，也是美国在巴厘谈判中的唯一让步，这项内容恢复了国际社会对公约的信心，也在一定程度上挽救了公约和应对气候变化的国际进程。但是《巴厘路线图》为发展中国家规定了实质义务，所以有舆论调侃说，美国搭乘应对气候变化的列车，而发展中国家却不得不为此购票。

缓解与适应：发展中国家的变相减排义务

缓解与适应是《联合国气候变化框架公约》规定应对气候变化的两大措施。

根据《巴厘路线图》的规定，基于历史责任、公平原则和发展阶段的考虑，发达国家作为整体，到2020年应在其1990年的水平上至少减排40%，并采取相应的政策、措施和行动。

另外，发达国家的减排指标及相关政策、措施和行动应当

对高排放汽车加强宣传

满足可测量、可报告和可核实的要求。可测量、可报告和可核实的要求适用于发达国家的减排承诺和相应行动的履行情况及实际效果，具体程序和方法可以参考《京都议定书》遵约和监测机制的相关规定和程序。

同时，《巴厘路线图》规定发展中国家应在可持续发展的框架下采取适当的减缓行动，要与实现发展和消除贫困的目标相协调。

发展中国家国内适当减缓行动与发达国家量化的减排义务的本质区别在于四个方面：一是适当的减缓行动由发展中国家自主提出，有别于发达国家强制性的条约义务；二是适当的减缓行动包括具体的减缓政策、行动和项目，有别于发达国家的减排承诺和减排指标；三是适当的减缓行动要符合国情和可持续发展战略，由发展中国家自主决定开展行动的优先领域；四是适当的减缓行动以发达国家提供可测量、可报告和可核实的技术、资金和能力建设支持为条件。

《巴厘路线图》规定各国都应采取可测量、可报告和可核实的缓解活动。发达国家的缓解活动包括可量化的减排义务，而未规定发展中国家承担此义务。但是发展中国家也因此要承担一定的义务，如限制排放的增加，指的是为发展中国家排放量的增长设定上限；吸收温室气体，主要依靠森林的光合作用；储存温室气体，指的是利用碳捕捉和储存技术将温室气体固定在地下或洋底。由于吸收、储存与减排缓解效果相同，这意味着，在采取行动方面，《巴厘路线图》强化了发展中国家的共同责任，而相对弱化了发达国家的区别责任。

从《京都议定书》的履行情况看，发达国家根本没有履行公约和议定书规定的区别责任，而加之在《巴厘路线图》中又规定了发展中国家的实质义务，这意味着区别责任已经名存实亡，应对气候变化的责任分担完全退向共同责任。这完全背离了《联合国气候变化框架公约》的原则，国际社会15年应对气候变化的进程倒退到1992年之前。

资金与技术：举步维艰

根据《联合国气候变化框架公约》，发达国家的出资应向发展中国家提供履行《联合国气候变化框架公约》所需的全部增加成本。但在《联合国气候变化框架公约》的履行过程中，由发达国家所应提供的发展中国家履约所需的全部增加成本的概念，被转换成在项目层次的资金支持。但由于被批准的项目只是少数，并非发展中国家申请的项目都能得到资金的支持。因此，发达国家通过这一概念的转换，极大地规避了向发展中国家提供资金的义务。

在转移技术上，一方面，由于转移技术涉及知识产权问题，发达国家政府声称先进的低碳技术由私营企业掌握，其知识产权应当保护，不能强制企业廉价出售相关技术，同时又通过国内政策限制民用高科技向发展中国家出口；而另一方面，私营企业关注的是投资机会，更希望通过投资来获得更大的收益和避免技术转让的风险。这些因素完全限制了发展中国家获得缓解和适应的先进技术，发达国家由此也规避了向发展中国家转移技术的义务。

《联合国气候变化框架公约》要求在缔约方第一次会议上以协商一致的方式通过议事规则，但至今，各国仍未就此议事规则达成一致意见。在全球气候合作谈判中，始终沿用的是1996年制定的《议事规则草案》。

对于通过诸如《巴厘路线图》这样的实质事项，目前只有两种方式：一是严格按照协商一致的方式得出结果；二是尽一切可能以协商一致的方式得出结果。如果所有努力都已经用尽，仍无法达成协议，则以出席并参加表决的2／3多数得出结果。

因此，在缺乏有效议事规则的情形下，只有以协商一致的方式通过《巴厘路线图》，才是合法的。

由于中国和印度等发展中国家反对为其规定实质义务，因此，《巴厘路线图》未能以协商一致的方式通过，实际上缺乏必需的法律效力。

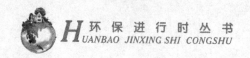
建
设
绿
色
城
市

对于《巴厘路线图》的具体图景还很难预测，但有两点可以确信：合作实施公约的长期努力和谈判仍将持续；在排放大国未找到共同利益之前，《巴厘路线图》不可能使各国承诺大幅度减排。

 四、中国的努力和成就

如何确定和分配各国应对气候变化所应承担的责任问题，自从1992年的里约热内卢会议以来，便一直处在旷日持久的谈判中。然而，在一片讨价还价和争执的声音中，中国已在悄然行动。2009年9月，畅销书《世界是平》的作者托马斯·弗里德曼在《纽约时报》上撰文说："中国已悄无声息地踏上一条利用清洁能源发电的创新之路，其现实意义不亚于苏联当时发射首颗人造卫星。而十分危险的是，我们竟对此熟视无睹。"弗里德曼的观点或许有商榷之处，但可以肯定的是，中国已成为亚洲"绿色经济巨人"，这是联合国环境规划署的一份报告的结论。

近30年来，中国高度重视气候变化问题，从中国人民和人类长远发展的根本利益出发，为应对气候变化做出了不懈努力和积极贡献。在国际舞台上，中国是联合国气候谈判的积极推动者。在1992年6月里约热内卢会议上，时任中国总理李鹏亲自出席并代表中国政府签署了《联合国气候变化框架公约》，使中国成为《联合国气候变化框架公约》首批缔约方之一。时隔17年，中国总理温家宝亲自出席哥本哈根气候大会，以推动会议取得成果。在人类应对气候变化的两个重要时刻，中国两任总理亲自出席，充分体现了中国政府为保护全球气候做出贡献的决心、信心和政治意愿。

同样，中国也是联合国最主要的气候变化科研机构——联合国政府间气候变化专门委员会的发起国之一。IPCC先后发布四次评估报告，报告成为气候变化国际谈判的科学依据。在IPCC第四次评估报告中，28名中国专家参与其中，秦大河院士还于2002年被选举为IPCC第一工作组联合主席，2008年获得连任。

在国内，中国环境保护部副部长李干杰透露，为推动政府绿色采购工作，中国已颁布了71项环境标志标准，形成一千多亿元人民币产值的环境标志产品群，为引导可持续消费、建设环境友好型社会发挥重要作用。中国从20世纪90年代起引入了关于循环经济的思想。此后对于循环经济的理论研究和实践不断深入：1999年从可持续生产的角度对循环经济发展模式进行整合；2002年从新型工业化的角度认识循环经济的发展意义；2003年将循环经济纳入科学发展观，确立物质减量化的发展战略；2004年提出从不同的空间规模即城市、区域、国家层面大力发展循环经济；2005年中国政府再次提出建设节约型社会，要在社会生产、建设、流通、消费的各个领域，切实保护和合理利用各种资源，提高资源利用效率，以尽可能少的资源消耗获得最大的经济效益和社会效益。

最近几年，中国政府采取的应对气候变化行动尤为引人注目，中国将科学发展观作为执政理念，根据《联合国气候变化框架公约》的规定和中国经济、社会发展规划，公布了《中国应对气候变化国家方案》，成立了由温家宝总理亲自挂帅的"国家应对气候变化领导小

宣传《中华人民共和国森林法》

环保进行时丛书
HUANBAO JINXING SHI CONGSHU

组"，先后制定和修订了《中华人民共和国节约能源法》、《中华人民共和国可再生能源法》、《中华人民共和国循环经济促进法》、《中华人民共和国清洁生产促进法》、《中华人民共和国森林法》、《中华人民共和国草原法》和《中华人民共和国民用建筑节能条例》等一系列法律法规，把法律作为应对气候变化的重要手段。建设生态文明也被写进中国共产党的十七大报告。

中国为应对气候变化做出了重大贡献。中国是近年来节能减排力度最大的国家。中国通过完善税收制度、推进资源性产品价格改革，力图建立能够充分反映市场供求关系、资源稀缺程度、环境损害成本的价格形成机制；深入推进循环经济试点；大力推广节能环保汽车；实施节能产品惠民工程；推动淘汰高耗能、高污染的落后产能。

中国有13亿人口，人均国内生产总值刚刚超过3000美元，按照联合国标准，还有1.5亿人生活在贫困线以下，发展经济、改善民生的任务十分艰巨。中国正处于工业化、城镇化快速发展的关键阶段，能源结构以煤为主，降低排放存在特殊困难，但是中国始终把应对气候变化作为重要战略任务。1990-2005年，单位国内生产总值二氧化碳排放强度下降46%。2009年底，中国单位国内生产总值能耗比2005年下降14%，相当于少排放8亿吨二氧化碳。而为实现这个目标，2006-2008年共淘汰低能效的炼铁产能6059万吨、炼钢产能4347万吨、水泥产能1.4亿吨、焦炭产能6445万吨。

在此基础上，就在哥本哈根会议召开前两周左右，中国国务院常务会议决定，到2020年，中国单位国内生产总值二氧化碳排放比2005年下降40%~45%。这一减排目标是中国科学院、中国社会科学院等8家部门经过较长时间的论证后形成的，科学地反映了中国的现实情况。

据估算，如果到2020年要把碳排放强度降低40%~45%，中国差不多每年需要为此投入780亿美元，这相当于每个中国家庭每年要承担至少166美元。中国发改委数据则显示，在中国政府针对金融危机推出的4万亿元人民币投资计划中，投向节能减排和生态建设工程的达2100亿元，用于自主创新和产业结构调整的达3700亿元；而经国务院批准出台的十大产业调整和振兴规划也都对节能减排提出了明确要求。

中国不仅是节能减排力度最大的国家之一，也是新能源和可再生能源增长速度最快的国家之一。中国在保护生态的基础上，有序发展水电，积极发展核电，鼓励、支持农村、边远地区和条件适宜地区大力发展生物能、太阳能、地热、风能等新型可再生能源。2005-2008年，可再生能源增长51%，年均增长14.7%。2008年可再生能源利用量达到2.5亿吨标准煤。农村有3050万户使用沼气，相当于少排放四千九百多万吨二氧化碳。2008年，中国可再生能源投资超过156亿美元，比2007年增长18%，位居亚太地区之首。目前，中国已跃居世界第二大风能市场，中国还是世界上最大的太阳能光伏设备制造国，水电装机容量、核电在建规模、太阳能热水器集热面积和光伏发电容量均居世界第一位。

此外，中国还是世界上人工造林面积最大的国家。中国持续大规模开展退耕还林和植树造林，大力增加森林碳汇；2003-2008年，森林面积净增2054万公顷，森林蓄积量净增11.23亿立方米；目前人工造林面积达5400万公顷，居世界第一。

为了保护地球气候和环境，中国已经以最积极、最认真的行动，向世人展现了一个负责任国家的风范。

 五、哥本哈根的努力与城市零排放

2007年在印度尼西亚巴厘岛举行的第十三次《联合国气候变化框架公约》缔约方会议上通过的《巴厘路线图》，最终决定第十五次缔约方会议

在丹麦的哥本哈根举办。

丹麦作为北欧发达国家，曾经高度依赖能源进口，石油、天然气等传统能源的大量使用，虽然推动了整个国家经济的高速发展，但也使得丹麦的自然环境等受到了一定程度的破坏，美丽的童话王国曾经一度失去了它原有的光泽。

1973年和1979年两次爆发的石油危机，成为丹麦发展新能源的转折。自那时起，丹麦走上了一条开发新能源的"复兴之路"。通过多年探索，丹麦在风力发电、秸秆发电、超临界锅炉等可再生能源和清洁高效能源技术方面形成了自身独特的经验，这使得丹麦成为举世公认的将能源问题解决得最好的国家之一，本国的经济走上了一条能源可持续发展之路。

童话王国里的风车

一说到风车，人们自然而然地便会联想到著名的"风车之国"荷兰，但如果要说到风力发电在整个国家能源体系中所占的比重，恐怕非丹麦莫属。

根据丹麦能源局提供的一项数据表明，截至2007年，风力发电已经占到丹麦全国总发电量的20%。这个数据在过去的十年间，整整翻了一番，而成本却比1970年下降了将近七成。如今的丹麦，已经走在了风力发电的世界前沿。在丹麦大约4.3万平方千米的国土上，不论是在首都哥本哈根市的郊外，还是在风景如画的罗兰岛海边，或是高速公路两旁的田野里，只要稍稍离开城市市区，几乎随处都能看到悠闲转动着的白色风车。丹麦不仅在陆地上大量安装风车，从1991年开始，他们还陆续投入巨资修建海上风力发电厂并通过海底电缆把电力输送到陆地上。

为促进风力发电技术的运用，丹麦政府出台了一系列的优惠政策：政府为每台风能发电机投入相当于成本30%的财政补助；风能发电可直接入网并实行为期十年的固定价格制度。这一政策基本保证了投资者可以安全收回成本，从而极大地吸引了私人投资者的投资热情。

丹麦的Tjaereborg风车计划就是一个最好的例子。该计划在1985年设计完成时，因为潜在的噪声污染及对自然景色的破坏而遭到很多社会舆论的批评。但丹麦人并未因此而退缩，经过20年的努力，如今Tjaereborg项目每年可以为丹麦提供的电力占全国总发电量的15%，Tjaereborg风车的噪声指数为64分贝，仅仅相当于人们说话聊天的音量；而星罗棋布于国内的风车不仅没有破坏环境，而且成为丹麦国内一道独有的风景线。

风能的大量开发和利用，不仅改变了丹麦整个国家的能源结构，而且给其带来了一个在世界上极具竞争力的产业——风能产业。据丹麦工商业联合会的统计资料显示，仅2007年一年，风能涡轮机产业便为丹麦创造了将近3万人的就业机会，销售额达70亿美元，占当年全球市场份额的近1/3。现

风力发电技术

在，丹麦制定的三叶片、定速、直联输电网等新能源概念产品，已经在世界风轮行业中占据了主导地位。

自行车王国

在丹麦，自行车已经成为人们首选的交通工具。丹麦的总人口仅有五百四十多万，但却有4120万辆自行车，其自行车的人均拥有率在世界上名列前茅，是名副其实的"自行车王国"。而首都哥本哈根更是目前世界

建
设
绿
色
城
市

上唯一一座被国际自行车联盟授予"自行车城"称号的城市。

　　长期以来，丹麦就是一个资源相对缺乏的国家，特别是经历过1973年的石油危机后，政府为了降低能源消耗、减少碳排放，一直鼓励市民优先选择自行车作为交通工具，并为此制定了很多激励政策。早在20世纪80年代，哥本哈根就开始修建专用的自行车道，到1995年该市自行车专用道就达到了三百多千米。目前，丹麦全国已有数千英里的自行车道。此外，该国还修改法律，允许将自行车带上轮渡、火车和长途客车，市民可以骑遍全国而无障碍。为了方便市民和游客，哥本哈根市政府甚至还在市内设了125个自行车租借点，在任何一个租借点，你只需交20克朗押金便可取走车子。用完后，可以到就近的租借点还车，并取回押金。这样，既方便人们的出行、旅游，也缓解了公共交通系统的压力，真可谓一举两得。

　　此外，哥本哈根市政府还为骑车的人们在市区范围内的各处提供了良好的存车设施。市内设有很多自行车免费停车场，地铁前、商店旁、街道边，到处都有设计精巧、美观、实用的自行车存放架，就连丹麦议会的门前，也建有专门的自行车停车场。

　　如今，骑自行车在丹麦已经成为一种时尚。根据最近的一项调查显示，自行车是丹麦民众出行的第一代步工具，其次是地铁、火车等公共交通工具，最后才是私家汽车。据调查，哥本哈根有超过1/3的市民每天骑自行车上班或上学。骑车族覆盖了各个年龄段的人群，

自行车王国

下自中小学生，上至退休的老者，都加入骑车的队伍中。不仅普通的百姓如此，政府机构人员也同样钟情于这种代步工具，就连丹麦气候能源部的女部长康妮·赫泽高也是骑着自行车上下班。在上下班的高峰期，各种自行车在街道上灵活自如地飞驰，形成一道道充满活力的城市新景观。

正是因为丹麦举国上下对自行车的这种喜爱和推崇，使得这个国家成为实至名归的"自行车王国"。

2025年"零排放"——哥本哈根在行动

2009年年初，联合国气候变化大会第十五次会议在哥本哈根召开的前夕，丹麦向全世界宣布预计在2025年前实现二氧化碳"零排放"，哥本哈根市将要成为世界上第一个零排放城。

丹麦人要用自己的行动向世人表示，世界没有做好准备，但是丹麦已经做好准备。为降低化石能源的消耗，丹麦除了在全国范围内倡导"低碳生活"、建立低碳城市外，一项主要任务就是让风车尽可能在全国各地转动起来。丹麦能源局副局长Anne Hojer Simonsen说，自从1991年第一个海上风场建设以来，他们已经几乎勘察完丹麦的整个海岸线，而未来丹麦

海上风场

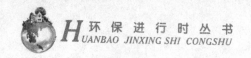
建设绿色城市

海上风场的发电量将达到5200兆瓦，几乎相当于整个丹麦目前能源消耗总量的50%。在有将近200万丹麦家庭推行的节电行为中，节能灯、节能建筑、风能等被广泛应用到每家每户的实际生活中，仅此一项，预计即可降低丹麦全国能源消耗的73%。

与此同时，众多的关于气候变暖与降低碳排放的公益活动也在举行。2009年8月8日，Danfoss公司为14岁～18岁的年轻人举办气候和创新夏令营，目的是让这些年轻人为气候变化贡献智慧。而在丹麦能源局播放的一个电视宣传片中，反复讲述着丹麦的气候行动。

现在的丹麦，上至政府机关，下至平民百姓，大家都在用自己的实际行动保护着自己家园的环境，为实现"零排放"目标而努力。

六、哥本哈根会议

根据大会组织提供的数据，参加哥本哈根大会的人员多达1.5万人，记者五千多人，如此规模堪称史上罕见，有人戏称哥本哈根大会的规模是"猛犸象"级别的会议，这也是丹麦迄今为止承办过的最大的一次会议。

熟悉气候谈判的人们知道，2012年12月31日是《京都议定书》第一承诺期的到期之日，1997年《京都议定书》规定发达国家2012年第一承诺期内的温室气体排放量与1990年相比平均减少5.2%。

2012年之后的第二承诺期内减排框架如何确定，这是十多年来每次联合国气候大会讨论的主要议题之一，而于2009年年底在哥本哈根的贝拉中心召开的《联合国气候变化框架公约》缔约方第十五次会议即哥本哈根气候变化大会，正处在确定第二承诺期减排目标的关键节点上。因此，此次哥本哈根会议，不论是参加的国家、国际组织的数量，还是此次会议受到关注的程度，都是空前的。

来自全世界85个国家的国家元首、192个国家的环境部长及其他官员们聚首在童话之都，共同商讨人类未来。所有的人都期许会议能够有一个童话般完美的结局，即所有与会国能够积极协作，就减排问题达成一致并签署具有法律约束力的协议，用切实、有效的行动，来挽救我们共同生存的地球所面临的日益严峻的环境恶化问题。

史无前例的动员

2009年12月7日，雾气笼罩着哥本哈根这座北欧小城，举世瞩目的联合国气候变化大会在这里正式开幕。

由于3.4万人要求参加开幕式，大会组织者不得不对部分代表临时进行配额管理，会议的开幕延迟了40分钟。哥本哈根时间7日上午11点50分，峰会在贝拉中心正式开幕。丹麦导演摄制的四分钟短片《请拯救地球》与迈克尔·杰克逊的《拯救地球》的MTV有异曲同工之处，人类目前的"不作为"无异于正在经历一场战争，其破坏性令人震撼。

在短片中，干燥龟裂的大地，满眼看不到一丝

《联合国气候变化框架公约》

生机，孤零零的秋千在死气沉沉的空气中寂寥地晃动，一个小女孩紧紧地抱着自己心爱的毛绒小狗，惊愕地看着眼前这一幕。突然间，地动山摇，大地被撕开一道道口子，小女孩狂奔。乌云笼罩天空，暴雨倾盆而下，洪水汹涌扑来，滔天巨浪让人无处遁逃。小女孩死死地抓住一棵干枯老树的

《请拯救地球》短片

枝丫，在暴风雨中摇摇欲坠。

梦醒以后，小女孩向自己的摄像机发出了"Please Help the World"的呼唤。

短片最后的画面停留在"We Have the Power to Save the World Now."。

虽然短片只是小女孩的梦魇，但是这段短片给每一个人敲响了警钟。全球气候变化正在带来一系列环境恶果，若不及时应对气候变化，梦魇或会成真，应该趁我们还有能力拯救地球的时候行动起来。

短片过后，丹麦国家女子合唱团现场演唱的歌曲"所有生命都是你的人生"在场内响起。

开幕式上，《联合国气候变化框架公约》秘书处执行秘书德布尔发言伊始，便向人们转述了小男孩尼·莱对真实经历的描述，这个小男孩正是在飓风灾害中永远失去了父母和弟弟。

"妈妈抱着弟弟，姐姐抱着妹妹。风和雨越来越大，大水涨过了河岸。我们踩在泥地里，这样就不会被大水冲走了。当水开始升到爸爸胸部，我们决定爬到树上去。突然，因为风太大，树倒了，我和爸爸妈妈被分开了。"

"我紧紧地抱着一根树干，漂在水上。雨真的很大，淋在身上好疼。我整夜都漂在水上，我吓坏了。我找不到妈妈、爸爸和妹妹。"

现实中，数星期后，尼·莱终于和姐姐、妹妹还有奶奶团聚了，却永

远失去了父母和弟弟的消息。

德布尔说，当天开幕的联合国气候变化大会正是为了让类似尼·莱的遭遇不再重演。

在哥本哈根气候变化大会开幕的同时，一份由1000万名全球网民签署的网上联署亦送到会上，呼吁与会领袖致力达成"公平、积极、具约束力"的气候条约。

德布尔亦表示，与会各方应利用现有谈判成果，转化成切实的行动。

此次持续12天的会议全称是"《联合国气候变化框架公约》缔约方第十五次会议暨《京都议定书》缔约方第五次会议"。在《京都议定书》第一承诺期即将到期的背景下，国际社会需要重新安排温室气体减排，就2012年—2020年全球应对气候变化问题达成新的协议，为今后人类社会应对气候变化指明方向。

京都保卫战："双轨制"PK"单轨制"

在哥本哈根会议的许多会场，经常可见两个并列的会议室，一个门上标着KP，一个门上标着LCA，这是后京都议定书时代典型的"双轨制。"

一个就《京都议定书》附件一指定减排

哥本哈根会议的会场

目标的发达国家制定2012年之后第二承诺期的减排义务进行谈判和磋商，一个就《联合国气候变化框架公约》下广泛国家的合作行动进行谈判。

根据2007年达成的《巴厘路线图》，目前的气候变化谈判应当坚持

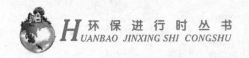
建
设
绿
色
城
市

"双轨制"，即《京都议定书》下的谈判以及发展中国家和未签署《京都议定书》的发达国家在《联合国气候变化框架公约》下就长期的、更广泛的减排行动进行谈判。

尽管在谈判过程中，发达国家口头上表示坚持"双轨制"，但实际却一直在拖延《京都议定书》特设工作组下的谈判，试图达到以"单轨制"取代"双轨制"的目的。

《京都议定书》规定了发达国家应接受强制减排义务，发展中国家自愿减排，但发达国家却试图抛开《京都议定书》另起炉灶，缔结一份包括美国等所有国家在内的单个法律文件，逃避自身责任并让发展中国家承担更多的减排义务，实行所谓的"单轨制"。

12月7日，欧盟集团在新闻发布会上表示，希望哥本哈根会议能在《京都议定书》的基础上建立一个包括其要素的绑定的法律协定。其目的就是希望建立"单轨制"，通过达成一个新的协议，将两者合并，并能够将发展中国家也纳入其中。

发达国家主张的"单轨制"遭到了发展中国家的强烈反对，各发展中国家的代表均表示《京都议定书》不可替代。

"我们反对再搞一个具有法律约定的文书，将发达国家的义务和发展中国家的义务捆绑到一起，这违背'共同但有区别责任'这一原则。"苏丹代表如是明确表示。

"我们不会让步，不会忘记发达国家对气候造成的影响"，阿尔及利亚代表非洲集团发言时称，《联合国气候变化框架公约》不应受到破坏，《京都议定书》绝对不能终止，非洲集团要求举行透明的、公平的高级别会议。

当地时间12月7日下午，中国国家发改委副主任解振华在新闻发布会上表示，包括中国在内的发展中国家坚持要求实施"双轨制"，哥本哈根会议应按照公约、议定书及《巴厘路线图》"共同但有区别义务"的原则，分别对公约和议定书做出决定。"如果取消《京都议定书》进行并轨，'共同但有区别责任'的原则就没有什么实质性的内容。'双轨制'是发展中国家的根本要求。"哥本哈根会议的产物会是《京都议定书》的替代物，还是《京都议定书》的延续，抑或是《京都议定书》的"同胞兄弟"？

随着会议的深入，哥本哈根会议上的争论却愈加激烈，会议陷入了艰苦的谈判中。

车轮大战：艰难的谈判

两周的谈判，是一场对智慧、谈判技巧和身体极限的多重考验，虽然中国为了此次谈判，已经作了充分的准备，并派出了史上规模最庞大的百人代表团谈判阵容，这些人当中有来自发改委、外交部、财政部、科技部、环境部、气象局等相关部委的官员，还包括相关研究机构的五十多人的法制团队。即便如此，在谈判的过程中，这百人的谈判代表团，还是显得有点捉襟见肘，分身乏术。

哥本哈根会议进入第二周时，谈判进入了关键时期，中国代表们忙着起草文案、进行磋商，人手尚能保证。但是在谈判僵持之下，大会主席康妮·赫泽高却给发展中国家出了难题，她建议一些工作组层面解决不了的问题，拿到部长级会议上磋商。这意味着，同一拨人要在工作组、部长两个层面进行讨论。这让中国代表不得不飞奔在贝拉中心的各个会议间，中国代表

哥本哈根会议陷入僵局

建
设
绿
色
城
市

坦言，这样会使发展中国家无法跟进议题。

可以想象，百人的中国代表团尚且如此，那么那些较小的发展中国家又该如何应对？发达国家动辄就是上百人的团队，在谈判的开始，天平就已然开始倾斜。

人数有限的发展中国家，只能关注关键的、有限的议题，但这样的情况就会导致发展中国家无法跟进不同会议的谈判议程，虽然大会上有机会在最后时刻提出申诉，但这也是要承担一定风险的。

"所有的国家都试图避免跑到大会上去作最后申诉，那需要很大勇气。"一位中国谈判团代表说。这显然超出了很多发展中国家的能力。

哥本哈根协议的诞生

在持续两周的艰难谈判中，谈判各方围绕着四大焦点问题进行了磋商，这包括：是否保留《京都议定书》；发达国家具体的减排数字是多

危险的岛国

少；发达国家为发展中国家提供资金和技术支持，要发出实质性承诺和采取切实行动；发达国家具体的减排数字是多少，是否执行"可衡量、可报告、可核实"的减排承诺或行动，即"三可"标准。

距离哥本哈根气候大会正式结束还有几个小时的时候，一份拟议中递交最终表决的草案，被提前曝光。

哥本哈根草案，即长期合作行动计划和《京都议定书》的最新版本，文本已由二百多页缩减到三十多页。

这是过去两年的谈判成果，虽然还不是最后版本，但却是最新的官方文本，而非个别国家提出的方案。

草案呼吁全球采取大幅减排行动，以便尽早实现排放到顶。当然，考虑到发展中国家在社会、经济发展和消除贫困方面的需求，其排放到达峰值的时间可以适当推迟。

但是草案并没有明确到2020年，附件一国家的具体减排目标，是以1990年为基数，还是以2005年为基数。对于发展中国家，草案要求每两年递交一份国家通报。同时，采取的减缓行动要接受国内审计、监督和评估，并回答外界必要的质疑和询问。但那些接受国际资金和技术援助的减缓行动，则必须接受国际核查。

草案把升温控制目标确定为2℃

草案表示，从2010年到2012年间，发达国家将提供总额300亿美元的气候援助资金，并优先援助那些最容易受气候变化影响的发展中国家，比如最不发达国家、小岛国以及受干旱、沙漠化以及洪水影响的非洲国家。

此外，在采取有意义的减排行动并且保证执行透明度的前提下，到2020年，将向发展中国家提供每年1000亿美元的援助。这些资金，将通过政府和私人、双边和多边等各种渠道加以提供。但案文未明示这笔资金是否应当全部来自发达国家。草案决定，成立哥本哈根气候基金，作为执行

这一融资计划的主体。2016年，各方就对此次形成的协议及执行情况进行评估。

但经过彻夜谈判后，联合国气候变化大会主席丹麦首相拉斯穆森宣布，《哥本哈根协议》草案未获通过。

哥本哈根大会原定于2009年12月18日闭幕并达成具有法律约束力的协议。但哥本哈根气候峰会最终却并未能出台一份具有法律约束力的协议文本。对于这突如其来的结果，让许多发展中国家，特别是面临生存问题的小岛国们难以接受。

在会议面临可能无果而终的关键时刻，中国政府以卓有成效的努力推动了《哥本哈根协议》的达成。温家宝总理表示，只要有1%的希望，就要尽100%的努力。在中国代表团的倡议下，中国、印度、巴西、南非基础四国再次进行了磋商。美国总统奥巴马也参加了基础四国领导人的会谈。经过各方努力，基础四国就协议表述的几个重要问题终于同美国达成一致。

随后，美国和欧盟国家进行了磋商，基础四国也跟有关国家进行了磋商。接下来，这个草案又在部分国家中进行了小范围磋商。

一个小时后传来消息，有关各方已经就一份决议案文达成一致，将马上提交大会表决。这时，距原定大会闭幕时间过去了9个小时。

气候恶化

2009年12月19日，大会通过了不具法律约束力的《哥本哈根协议》，其主要内容为：发达国家在今后3年内每年为发展中国家应对气候变化提供100亿美元资金支持，不迟于2020年每年提供1000亿美元；发达国家的减排目标接受"可测量、可报告、可核查"，发展中国家的自愿减排行动不受"三可"约束，但由国际资金支持的减排项目需接受"三可"；设立哥本哈根绿色气候基金，以支持发展中国家应对和减缓气候变化及其能力建设；支持全球升温不应超过2℃的科学共识，并且在2015年之前对《哥本哈根协议》的执行情况进行评估时，讨论全球升温不超过1.5℃的目标。

对于哥本哈根大会最终达成的没有法律效力的协议，绿色和平组织在12月19日发表声明，强烈谴责发达国家在哥本哈根气候峰会上所表现出的"要么接受协议，要么放弃"的傲慢态度，他们认为哥本哈根气候峰会最终没有达成一个具有法律约束力的文件，实在是错过了绝好的机会。

绿色和平组织国际总干事库米·奈都警告称，世界正面临着被发达国家领导的危机，这些国家的领导人并没有出于对世界亿万人民未来利益的考虑而达成一份具有历史意义的气候协议，以避免气候恶化，而是出卖了世界人民的现在与未来的利益，逃避直面棘手问题。

但绿色和平组织也承认，哥本哈根气候峰会的结果也包含着一些"积极因素"，譬如有关建立一个新的气候基金机构的条款；发展中国家在改善气候方面所需大规模资金问题上达成一致，从而使发展中国家能够保护它们的森林，逐渐走上低碳发展道路，同时帮助其适应气候变化的影响。

对于大会达成的不具有法律约束力的哥本哈根协议，相关人士在评述中指出其包括三大"软肋"。

首先，没有规定发达国家到2020年的中期减排目标和到2050年的长期减排目标。对于中期减排目标，发展中国家在本次大会上普遍要求发达国家减排40%。对于长期减排目标，要达到把全球升温控制在2℃以内的目标，发达国家到2050年应减排80%。而《哥本哈根协议》没有明确发达国家在议定书第二承诺期的减排目标，甚至连发达国家的长期减排目标都未能作出规定。

其次，对于发展中国家最关心的资金支持和技术转移问题，协议的规定也过于模糊。在短期资金上，目前仅有欧盟宣布在今后3年向发展中国家提供72亿欧元，日本承诺在今后3年提供110亿美元。在长期资金上，发达国家在协议中做出不迟于2020年每年提供1000亿美元的承诺，却未明确各个发达国家将出资多少以及这些资金的具体来源。而协议在技术转移问题上更是鲜有提及。

第三，协议在未能为发达国家设定减排目标的同时，却明确要求发展中国家采取减排行动，并且向全球公开其减排进展情况。美国等发达国家在不愿承诺大规模量化减排的同时，却要求发展中国家的减排目标应该受到国际监督，做到"三可"。发达国家在谈判中还宣布其向发展中国家提供的资金数额，与发展中国家的减排额和是否接受"三可"挂钩。在中国和77国集团等发展中国家的强烈反对下，协议最终拒绝了发达国家的无理要求。

哥本哈根协议——一盘未完的"棋局"

备受瞩目的《联合国气候变化框架公约》第十五次缔约方大会暨《京都议定书》第五次缔约方会议延期一天之后，于2009年12月19日在哥本哈根终于落下了帷幕。但令人遗憾的是，承载了太多期望的哥本哈根大会，却只留下了一个不具备任何法律约束力的《哥本哈根协议》。

尽管联合国秘书长潘基文从正面对哥本哈根气候变化大会做出评价，对会议所取得的进展感到满意，但国际社会普遍表示了失望情绪。

国际社会对哥本哈根的预期是大会能够落实于2007年12月联合国气候会议通过的《巴厘路线图》，在哥本哈根会议上达成一个气候协定，就2050年的长远目标形成共同愿景；发达国家在2020年的温室气体排放水平相对于1990年下降25%～40%；发展中国家采取"可测量、可报告和可核查"的减缓行动；发达国家提供资金、技术帮助发展中国家适应气候变化，减少温室气体排放，减少毁林。

仔细分析哥本哈根协议，《哥本哈根协议》维护了《联合国气候变化框架公约》及其《京都议定书》确立的"共同但有区别责任"的原则，并强调了发达国家与发展中国家在气候变化问题上"共同而有区别的责任"，同样是在"共同但有区别责任"的原则下，最大范围地将各国纳入应对气候变化的合作行动，在发达国家实行强制减排和发展中国家采取自主减缓行动方面迈出了新的步伐。

《联合国气候变化框架公约》附件一的缔约方将继续减排，美国等《联合国气候变化框架公约》附件一的非缔约方将承诺履行到2020年的量化减排指标。发达国家的减排行动及向发展中国家提供的资金将根据有关的准则进行测量、报告和核实。

《联合国气候变化框架公约》非附件一缔约方，即发展中国家在可持续发展框架下采取减缓行动，最不发达国家和小岛屿发展中国家可以在自愿和获得支持的情况下采取行动，并且维护了应对气候变化"双轨制"的谈判底线，敦促发达国家强制减排以及向发展中国家提供资金和技术支持。

哥本哈根协议还就全球长期目标、资金和技术支持、透明度等焦点问题达成广泛共识，特别在发达国家提供资金和技术方面取得了积极的进展。

在资金方面，要求发达国家根据《联合国气候变化框架公约》的规定，向发展中国家提供新的额外的可预测的充足资金，帮助和支持发展中国家进一步的减缓行动，包括大量针对降低毁林排放、适应、技术发展和转让以及能力建设的资金，以加强《联合国气候变化框架公约》的实施。

在资金的数量上，要求发达国家集体承诺在2010年—2012年间提供300

发达国家

环保进行时丛书 *HUANBAO JINXING SHI CONGSHU*

建
设
绿
色
城
市

亿美元新的额外资金。在采取实质性减缓行动和保证实施透明度的情况下，发达国家承诺到2020年每年向发展中国家提供1000亿美元，以满足发展中国家应对气候变化的需要。

同时，将建立具有发达国家和发展中国家公平代表性管理机构的多边基金。这些资金中的适应资金将优先提供给最易受气候变化影响的国家。

在技术开发与转让行动方面，哥本哈根协议决定设立一个"技术机制"，加速技术开发与转让，支持适应和减缓行动。这一措施将有望为推动气候友好技术的大规模应用提供机制和制度上的保障。

在减缓行动的测量、报告和核实方面，维护了发展中国家的权益。作为《联合国气候变化框架公约》非附件一国家的发展中国家，只有获得国际支持的国内减缓行动才需要根据缔约方大会通过的指导方针，接受国际的测量、报告和核实。自主采取的减缓行动只接受国内的测量、报告和核实，有关结果每两年一次以国家通报的方式予以通报，通过明确界定的准则和确保国家主权得到尊重的方式进行国际磋商及分析。

在哥本哈根会议上，各国都放弃了一些不切实际的幻想和不合理的预期，这使下一步谈判会更加务实。《哥本哈根协议》坚守了《联合国气候变化框架公约》及其《京都议定书》的原则，面对一些发达国家混淆视听、转嫁责任的干扰，大会能取得这些成果实属来之不易，而这首先应该归功于包括中国在内的广大发展中国家坚持原则、折冲樽俎、凝聚共识的不懈努力。

第四章

节能减排，打造低碳城市才是硬道理

一、认识能源与碳排放

能源是什么？这是个既简单又复杂的问题。说它简单，因为它与我们的生活离得很近——我们照明用的电、做饭用的天然气、洗澡用的热水、开车用的汽油都是能源；说它复杂，是它的形态各异、类别包罗万象，利用方式也千奇百怪。

能源

能源的种类繁多，包括煤炭、原油、天然气、煤层气、水能、核能、风能、太阳能、地热能、生物质能等，对于它们的分类也有许多不同的方法。

按能源的基本形态来分类

按能源的基本形态来分类，所有能源可分为"一次能源"和"二次能源"。

"一次能源"是指直接从自然界获得、不改变其基本形态的能源，如煤炭、石油、天然气、水力、太阳能、生物质能、海洋能、风能、地热能等。它们在未被开发之前，处于自然存在状态。

"二次能源"是指由一次能源加工、转换后形成的另一种形态的能源，如电力、焦炭、煤气、蒸汽、热水等。其他如汽油、煤油等石油制品

建
设
绿
色
城
市

在生产过程中排出的余能、余热也属于二次能源。一次能源无论经过几次转换，其所得的另一种能源都叫二次能源。比如，在燃煤的火力发电厂，煤炭燃烧之后先变成蒸汽热能，蒸汽再推动汽轮机变成机械能，汽轮机带动发电机变成电能，期间一共出现了三次能量转换，但我们不能把最后产生的电能称为三次能源，仍需把它称为二次能源。

按能源的来源来分类

从能源的来源来看，能源可分为四类，它们分别来自太阳、地球内部、天体引力等。它们都是自然界中天然形成的、未经加工或转换的能源。

第一类是来自太阳的能源。太阳除了直接向人们提供可被利用的光和热以外，还催生了地球上许多其他形式的能源。可以说，目前人类所需能量的绝大部分都直接或间接地来自太阳。例如，植物通过光合作用可以把太阳能转变成化学能，这部分贮存在植物体内的能量为人类和动物界的生存提供了能源；又如煤炭、石油、天然气、油页岩等化石燃料，它们是由埋在地下的古代动植物经过漫长的地质年代转化而成的，其实它们是另一种通过古代生物固定下来的太阳能。此外，如水能、风能、波浪能、海流能等的形成也离不开太阳辐射的影响。从数量上看，地球可接受的太阳能非常巨大——理论计算表明，太阳每秒钟辐射到地球上的能量相当于五百多万吨煤燃烧时放出的热量，一年累计就有相当于170万亿吨煤的热

太阳能

量。但是，令人惋惜的是，到达地球表面的太阳能只有千分之一左右被植物吸收，并被转变成可储存的化学能，其余绝大部分能量都被转换成热，散发到宇宙空间。

第二类是来自地球内部的能源。地球是一个大热库，从地面向下，随着深度的增加，温度也在不断升高。各类温泉、火山爆发所释放的能量就是从地下喷出地面的地热。地球上的地热资源贮量也很大。目前人类的钻井技术仅可达到地下10千米的深度，仅按此深度估计，地热能资源总量就相当于世界年能源消费量的四百多万倍。

第三类是来自原子核反应的能源。原子核反应主要有裂变反应和聚变反应，在发生以上这些反应时某些物质可以释放大量的能量。目前，在世界各地运行的四百四十多座核电站多是使用铀原子核裂变时放出的热量，使用氘、氚、锂等轻核聚变时放出能量的核电站正在研究之中。根据地质勘测，世界上已探明的铀储量约为490万吨，钍储量约为275万吨，这些裂变燃料足够人类使用到迎接聚变能的到来。能够发生聚变的燃料主要是氘和锂。氘存在于海水中，按地球上海水总量约为138亿亿立方米来计算，世界上氘的储量约40万亿吨；锂在地球上的储量虽比氘少得多，也有约两千多亿吨。由此推算，氘、氚聚所能释放的能量将比全世界现有能源总量放出的能量大千万倍，按目前世界能源消费水平计算，可供人类使用上千亿年。

第四类是来自地球—月球—太阳相互引力的能源。地球、月亮、太阳之间有规律的运动造成相对位置周期性变化，它们之间产生的引力使海

月球

水涨落而形成潮汐能。与前三类能源相比，潮汐能的数量很小，全世界的潮汐能折合成标准煤约为每年30亿吨。况且，人类实际可利用的只是浅海区的潮汐能，那部分能量每年约相当于6000万吨标准煤。

按能源的可燃性来分类

按能源的可燃与否，能源可分为燃料型能源和非燃料型能源，前者包括煤炭、石油、天然气、泥炭、木材等，后者包括水能、风能、地热能、海洋能等。由于人类最早利用自身以外的能量来源于火，因此人们对燃料型能源的利用，历史非常悠久，消耗量也极其大，而对于非燃料型能源的利用还处于开始阶段，有很大的上升潜力。

按能源的清洁程度来分类

根据能源被消耗后是否造成环境污染的后果来看，所有能源又可被分为污染型能源和清洁型能源。其中污染型能源包括煤炭、石油等，大多为燃料型能源，清洁型能源包括水力、电力、太阳能、风能以及核能等，大多为非燃料型能源。

按能源的可再生与否来分类

人们对一次能源再进一步加以分类——凡是可以不断得到补充或能在较短周期内再产生的能源被称为再生能源，反之被称为非再生能源。风能、水能、海洋能、潮汐能、太阳能和生物质能等是可再生能源，煤、石油和天然气等是非再生能源。地热能基本上是非再生能源，但是从地球内部巨大的蕴藏量和人们当前的微小使用量来看，它又可被认为具有再生的性质。由于核能的新发展将使核燃料循环而具有增殖的性质，且核聚变最合适的燃料重氢又大量地存在于海水中，可谓"取之不尽，用之不竭"，

建设绿色城市

因此，核能也可被认为具有再生的性质。

按商品能源和非商品能源分类

凡是能进入能源市场作为商品销售的能源被称为商品能源，如煤、石油、天然气和电等。非商品能源主要指薪柴和农作物残余生物质能。目前，国际上的能源统计数字均限于商品能源，对非商品能源的统计还不完善，其利用潜力还未被人们充分认识。有资料显示，1975年世界上的非商品能源约为0.6太瓦年，相当于6亿吨标准煤，而中国1979年的非商品能源约合2.9亿吨标准煤。

目前，在大多数情况下，人们通常按照能源的形态特征或转换与应用的层次来对它进行分类，这也是世界能源委员会所推荐的能源分类。按照这个分类法，能源可分为固体燃料、液体燃料、气体燃料、

标准煤

水能、电能、太阳能、生物质能、风能、核能、海洋能和地热能，其中前三个类型统称化石燃料或化石能源。已被人类认识的上述能源，在一定条件下可以转换为人们所需的某种形式的能量。比如薪柴和煤炭，把它们加热到一定温度，它们能和空气中的氧气化合并放出大量的热能。我们可以用热来取暖、做饭或制冷，也可以用热来产生蒸汽，用蒸汽推动汽轮机，使热能变成机械能，也可以用汽轮机带动发电机，使机械能变成电能；如果把电送到工厂、企业、机关、农牧林区和住户，它又可以转换成机械能、光能或热能。

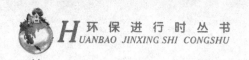
建
设
绿
色
城
市

二、城市能源路线图

从能源的定义及分类中，我们就可以看出，能源的存在方式是多变的，它们之间也是可以互相转化的。

所有的化石能源、生物质能、水能、核能具有一定的实体物质形态，它们或者是固态，或者是液态、气态。一部分清洁型能源是无形的，如电能、风能、太阳能等，它们各自以特殊的方式存在着。

所有的能源形式是可以互相转化的，例如，在一次能源中，风、水、洋流和波浪等是以机械能的形式为人类所利用，因为利用各种风力机械和水力机械，人们可以把它们转换为动力或电力。煤、石油和天然气等常规能源，一般是通过燃烧将化学能转化为热能，并将大量热能通过各种类型的热力机械转换为动力，带动各类机械和交通运输工具工作，或是带动发电机送出电力，满足人们生活和工农业生产的需要。

能源在转化的过程中会产生一定的消耗。这些消耗有的被用来促使能源转化的形成，有的被用来满足人类活动所需。在人类活动的耗能方式中，电能具有无可比拟的优势，因此发电所需的能源占能量总消费量的比例很大。

化石能源带来重污染

如果把城市比做一部复杂的机器，那么维系这部机器正常运转的原料就是能源；如果把城市比做一个人的身体，那么能源的作用就如同人体中的血液——它流经城市的各个环节，带来能量和有用的物质，供各部分正常工作、运转。正如人体离不开血液一样，城市的运转离不开能源的输入。越是发达的城市对能源的依赖越严重。

研究能源在城市生活中的流通路线，我们可以得出一张有趣的城市能源路线图。

城市所能利用的所有能源首先都来源于大自然，它们可以是煤、石油、天然气等化石能源，可以是太阳能、风能、生物质能、海洋能、地热能等可再生能源，可能是高技术手段下的核能利用，也可能是我们暂时还无法描述的某种新能源……这些能源经过一定的环节可以被转化成便于城市生活和生产使用的成品油、电能或热能。

上述这些能源会流入城市的各个角落，驱动城市工业生产、交通、建设、生活等各个环节的正常运转，当然其中的部分能源会通过工业产品流向城市。能源流向城市各个角落的过程也就是能源被消耗的过程。能源消耗支撑了城市功能的发挥，保证了城市生活的正常进行，维系着城市建设和发展的进程。

能源被消耗的过程既为城市创造了财富，却也给城市带来了大量的废弃物。这些废弃物包括工业废弃物、生活垃圾、温室气体排放……它们被重

海洋能

环保进行时丛书 HUANBAO JINXING SHI CONGSHU

建
设
绿
色
城
市

新扔给自然界。当然，其中的部分气体排放会被地球表面的植被吸收、固化。这些植物和地球上的其他有机废弃物会在经历漫长岁月的变化后重新成为可被利用的化石能源。

从以上的城市能源路线图，我们可以清晰地看出，能源就像血液，在城市这个巨型的躯体中流动。显然，要想控制、节约宝贵的能源消耗，我们应该把能源流经的各个环节看成是一个个阀门，并尽量注意拧紧阀门。

三、能源危机呼唤节能

人类社会有了城市以来，城市所消耗的能源一直呈迅速上升的趋势。可以说，人类社会城市发展的历史和能源利用的历史密切相关。城市越发展，人类对能源的依赖度就越强。在人类开发和利用能源的历史上，经历了三次工业革命，每一次都给社会生产带来了巨大的影响，引起了经济的飞跃发展。据统计，自19世纪末以来，世界人口增加了两倍多，已经突破了60亿，而能源消费却增加了16倍多。

随着城市规模的急剧扩大、城市物质消费能力飞速提高，从世界范围来看，不久的将来，50%的世界人口中将实现城市化，在不发达地区，也有约40%的人口将住进城市。几十亿的人口将在工业化的城市中生活，城市消耗的能源在人类社会活动总耗能中所占的比重越来越大。联合国的一份报告指出，虽然城市面积只占全世界土地总面积的2%，但却消耗着全球约75%的资源。

高度城市化带来的后果是人们在享受城市高度物质文明的同时，也在以几何增长的速度吞噬着大量的能源。尽管我们不断有"发现更多大煤田"、"打更多的油井或气井"的好消息传来，但是无论怎样，能源的供应始终跟不上人类对能源的需求。按目前的消耗量预测，专家们认为地球上所能开采的煤炭只能维持人们一到两个世纪的使用，石油、天然气甚至维持不到半个世纪的使用。也就是说，到2050年左右，石油、天然气等化石能源的价格会升到很高，将会对城市工业、城市经济造成非常严重的影响。最为悲观的观点来源于瑞典乌普萨拉大学的研究预测，他们甚至认为，在2010年到2020年间的某个时间，世界油气供应将不能满足需求。

在世界各国，由于城市物质水准和城市发展模式的不同，对于能源消费的总量也有着很大的差异。例如，以大尺度、低密度为特征的美国是一个"生活在车轮上"的国度，其人均汽油消耗量是注重"紧凑"的、小尺

城市规模进一步扩大

度城市发展的欧洲人的5倍，也是现代化程度较低的中国人的10倍。

由能源危机引发的连锁反应对人类社会的打击将是致命的。试想，如果在新的能源体系还未建立、地球上的化石能源将被消耗殆尽的时候，除了工业规模的大幅萎缩、城市生活的崩溃和停顿以外，为争抢剩余能源的战争也将会不断发生。

能源大量消耗带来的另一个严峻的问题是环境问题。我们知道，燃烧石油、煤、煤气将导致空气和海洋温度的升高，这在大的发电厂周围已经引发了很多问题。如果我们使用的矿物燃料继续增加，地球最终将会变暖，由此引起的气候变化将是难以估计的，因为燃烧石油、煤和煤气产生

的二氧化碳等温室气体环绕在地球周围，形成一个巨大的温室，使热量难以散发出去。同时，由于能源大量的使用，核电站、煤矿、风车、钻井平台、油轮泄露等事故也随之大量发生，对海洋、大气环境、地表环境的威胁也在逐渐加大。很明显，发生事故的危险性将随着能源消耗的增加而增加，随着能源消耗的减少而减少。

城市发展对于环境的危害还存在于其他方面。例如，随着大城市的快速发展，城市与其周边土地和水系的关系急剧恶化。城市从其周边环境中获取土地、食物、水、建筑材料以及其他各类资源，并向周边排放大量污水、废弃物，破坏了其周边乡村环境的生态平衡。

自从20世纪70年代第一次石油危机在西方工业化国家爆发以来，人们对于能源的关注突然加大。人们第一次认识到，地球上的石油并不是源源不断的，而人类对能源的需求却越来越如饥似渴。自石油危机以来，人们开始寻求能源的替代品，也开始关注节能的可能性。前者在短时期内无法实现，人们只能把希望放在对自身生活方式的改变上，以节约的行为和态度来遏制能源消耗的

钻井平台

速度。

节能的基本思想是采取技术上可行、经济上合理以及环境和社会可接受的措施，来更有效地利用能源资源。为了达到这一目的，需要从能源资源的开发到终端利用，更好地进行科学管理和技术改造，以达到高的能源利用效率和降低单位产品的能源消费。由于常规能源资源有限，而世界能源的总消费量随着生产力的发展和人民生活水平的提高越来越大，世界各国十分重视节能技术的研究。

从前面所述的"城市能源路线图"中，我们可以看出，能源流经现代城市生活的各个环节，因此，节能的潜力存在于城市的各个角落，我们需要拧紧能源流通环节中的每一个"阀门"。

节能的潜力首先存在于城市能源的供给上。如调整供电、供热网的体系，将供电站靠近居民区，以替代远距离的供热；减少大量浪费热能的大型核心电站，兴建新型的包容许多小型电站的网络体系，建立能源的阶次分级：第一级为电站，第二级为工业的废热利用，第三级是为居民的采暖供热，把公共与私人的供热需求组织在新的网络体系之中。

大型水电站

　　节能的潜力还存在于城市工业生产之中。由于生产工艺、设备的落后，同样的产出会消耗不同的能耗。例如，按2003年的数据统计，上海当年消耗每吨标准煤创造的GDP为1139.7美元，仅为日本2001年的13.5%。因此，工业企业要淘汰高耗电的落后工艺和设备，积极采用高效电动机、风机、水泵等节能型产品，合理安排生产工艺、生产班次，可在电网用电高峰季节安排设备大修，在非高峰时段安排非连续生产和辅助生产。

　　节能的潜力也存在于城市交通之中。在中国，各城市交通耗能居高不下，无论是能耗总量还是在各类能耗总量中所占比重，都呈明显的上升趋势。这与中国近年来私家车拥有量迅猛增长、居民出行方式的改变有着密切关系。以合理的方式引导城市交通系统高效、节能运行，大力发展步行、自行车和公交等绿色交通方式，将会大大减少城市交通的耗能总量。

　　节能的潜力还来源于城市建筑。目前中国城镇建筑的运行能耗约为社会总能耗的20%～22%，如果建筑能耗降低一半，则社会总能耗可以降低10%。与发达国家相比，我国单位面积的采暖能耗为相同气候条件下发达国家的2～3倍，具有较大的节能潜力。

　　节能的潜力还存在于我们的城市生活之中。由大量城市人口形成的城市生活方式，对城市能耗的总量也有着举足轻重的影响。充满节约意识的生活方式、生活习惯会在不知不觉中节约大量的能源消耗，如选择使用节能电器，注意随手关灯，减少食物、衣物浪费，简化室内装饰等。反之则会带来大量的能源浪费。

　　城市节能的实现途径可以来源于城市生活、城市生产的各个方面，其手段也层出不穷。从城市能源消费的几大类别来分，可将其大致分为城市制造业节能、城市交通节能、城市建筑节能、城市生活节能，其中城市生活节能又主要与社会节能意识的塑造有关。

四、社会性节能大行动

在经济发展水平、产业结构相近的情况下，日本人均能源消耗为4吨标油，而美国为10吨标油，两国之间能源消耗的差距高达60%。原因何在？其主要原因在于两国之间社会节约意识的重大差异，并因此造成了两国消费模式的巨大差异。日本是一个资源稀缺的岛国，强烈的危机感使该国民众有着传统的节约意识，其生活方式也非常注意节约；而美国是一个国土辽阔、资源丰富的大国，民众的节约意识比较淡薄，其生活方式也较为浪费。可见，在所有的节能途径中，观念上的重视是最重要的。

（一）生活节能

有了注重节能的社会意识，提倡"绿色生活"模式，城市节能就有了根本保障。

实现绿色生活的手段可以有很多，首先我们应注重节约用于家庭的能源消耗。这些能耗既包括照明和家用电器使用的电、取暖和生活热水所用的热能，还包括购买家具、服装、鞋帽等日用品而产生的热能，因为制造、运输、销售上述商品都要消耗能源，我们轻易地抛弃还能继续使用的日用品去买新的，势必加大各种能源的消耗。其次，实现绿色生活还应注重公众节能意识和行为的增强。政府应通过宣传、教育等各种措施，引导人们形成节能的生活模式和消费方式，倡导良好的出行习惯、节约的消费习惯和节约的用能习惯，并对公众购买高能效产品、新能源汽车等提供补贴，以鼓励或强制的手段提升公众的节能意识。

例如，美国环保局自20世纪90年代推出了商品节能标识体系"能源之星"，把符合节能标准的商品贴上带有绿色五角星的标签，编入美国环保局的商品目录，将其推广。"能源之星"是自愿性计划，它更多采取了分析、诱导的办法。比如，人们登录"能源之星"网站就会得知，一个美国家庭每年的能源开支平均是1500美元，如果能使用带"能源之星"标识的家用电器、空调设备等，就能减少30%以上的能源开支。哪怕将最常用的5个灯泡换成节能灯，也能节约电费60美元。"能源之星"计划还有一套

"家庭能源顾问"网上分析程序，普通用户在网上回答一些简单的问题，就可以得到几条节约家庭能源的实用建议。比如，它会告诉人们更换密封性更好的窗子、更换墙内绝热层、堵住空调风管漏气等，就会显著节省家庭采暖和空调的耗能。

空调风管

德国则根据欧盟《能源消耗标示法规》制定的相应法规建立了产品能耗标签制度，以引导消费者选购能耗级别较低的产品。目前该国生产的灯泡、冰箱、洗碗机、洗衣机和衣物烘干机上都有这种标签，其中A代表低能耗，G代表高能耗，中间还有B、C、D、E、F几个等级。

城市生活节能的具体手段大致包括如下方面：

养成在家庭、工作场所随手关灯、切断各种电器电源的习惯；

延长日用生活品的使用寿命；

尽量食用当地、当季的食品，减少进口食品的消费；

选择节电的家用电器；

尽量减少空调、采暖等设施的使用天数。

（二）城市制造业节能

制造业是城市发展的物质保障，也是城市耗能的重要环节。在中国，呈快速增长态势的钢铁、有色、化工和建材等行业都是耗能、耗电量巨大的产业，是城市用电增长的主导力量。在工业领域实现节能有许多可行的技术手段，除了采用节能的设备和生产工艺以外，还可实施工业用电设备节电工程、能量系统优化节能工程、余热余压利用节能工程、燃煤工业锅炉窑炉节煤工程等，充分利用系统节能、二次能源回收及废弃物资源化的

手段，提高能源的使用效率。如上海宝钢就对钢铁生产中的可燃气体、余热、余压等二次能源进行充分利用，发挥了高炉煤气余压发电装置的节能作用，使余能、余热回收率达到45%，平均1吨铁回收电力34千瓦时。

制造业积极节能

城市工业节能的具体手段大致包括如下方面：

改进设备、生产工艺，提高能源使用效率；

充分利用二次

城市交通节能活动

能源，回收余热、余压、可燃气体；

促进联产技术，实现资源的高效、循环使用，如热电联产、磷石膏制造硫酸联产水泥等；

实行分时、错峰用电，节约用电成本。

（三）城市交通节能

随着城市规模的扩大，城市对于交通的需求越来越大。城市交通也是城市活力和城市效率的重要保证。近年来，中国私家车以每年20%以上的速度递增，在1994—2003年的10年间，中国私人汽车总量增长了近6倍，这已成为交通能耗和温室气体排放快速增长的最主要因素。

城市交通节能的手段主要体现在对交通工具、交通出行方式的选择上。在交通工具的选择上，我们应提倡步行、最大限度地使用自行车、电动自行车等绿色交通工具，并尽可能选择小排量、使用清洁能源的汽车；在出行方式的选择上，城市应实施公交优先的城市交通战略，大力发展地铁、城市轻轨、快速交通、公交专用道等，以"快、准、廉、优"为目标来优化公交出行方式，提高公共交通运行效率和出行比重，并提高运输装备技术等级，加强道路运输组织管理，促进城市轨道运输和水上运输等低耗能运输方式的发展，推进清洁能源和节能环保型车辆的应用。

城市交通节能的具体手段大致包

城市建筑节能

括如下方面：

尽量减少私家车的使用，多选择使用公共交通或步行、自行车等绿色出行方式；

选择合适的工作地点和居住地点，就近居住，减少上下班出行距离；

使用省油、小排量的交通工具；

考虑使用替代燃料的交通工具，如采用压缩天然气、氢能、电力驱动的汽车；

调节交通工具的引擎和轮胎，使其处于正常的压力下；

选择合理的交通线路；

在任何可能的时候，使用火车代替轮船或者航空运输。

（四）城市建筑节能

城市建筑是城市环境中消耗能源最严重的环节。建筑耗能应该从建筑的全生命周期的角度去考量，它包括建筑的建设期耗能和后续使用、维护的耗能。有资料显示，在建筑的全生命周期过程中，大约消耗了社会总能源的50%。建筑节能的手段可以有很多，在不同的地域环境、气候条件下，选择具有环境适应性、气候适应性的技术手段是实现城市建筑节能的关键。

例如，在中国南方地区，冬暖夏热的气候条件要求建筑充分考虑自然通风和夏季遮阳，这些手段能大大降低空调的使用，减少建筑能耗；而在中国北方地区，则需充分考虑墙体、门窗等围护体系的保温，并充分利用日照，以保持冬季室内温度。

提高城市建筑节能的效率还离不开政府的推动和鼓励。引入建筑物能效标准和标识制度，提高建筑节能标准，鼓励对已有高耗能建筑开展节能改造，推广节能施工新技术，降低建筑施工能耗，开展节能建筑示范工程、空调和其他家用或商用电器节电工程、绿色照明工程等，都是行之有

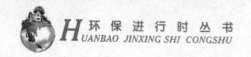
效地推动城市节能手段。

例如，正被国内各地政府引入城市社区的无极灯与LED灯，就是一种比普通节能灯更为绿色节能的光源。以开灯10小时为例，要达到100瓦白炽灯的亮度，无极灯需耗电不到0.2度，LED灯则更少。从外观上看，无极灯与普通灯差别不大，不同的是，无极灯里没有电极。白炽灯靠熔点高达3000℃的钨丝通电发光；节能灯通过电流激发原子释放紫外线，并照到灯泡内壁的荧光粉上发光；无极灯以高频电流感应线圈产生新电流发光，由于其无正负极放电损耗，所以耗电很少。LED灯被称为"第四代光源"，是一种半导体固体发光器件，它的节能效果最好，可以调节亮度，而且抗震效果好。这些新型光源无论是能效、寿命还是显色性都比白炽灯和普通节能灯好得多。

当然，建筑节能除了需引入相关节能技术以外，还离不开人们在行为上的自我约束。显然，追求过大的人均居住面积本身就是一种极不节能的做法。

城市建筑节能的具体手段大致包括如下方面：

增强建筑围护结构保温；

采用建筑遮阳；

加强建筑自然通风；

增加窗户、天窗，多利用自然照明；

采用节能灯具；

建筑设备智能化控制；

采用室内空气热回收技术；

使用地方材料；

减小建筑面积。

五、低碳城市离不开可再生能源

人类进化、发展的历史，其实也是一部不断向自然界索取能源的历史。人类文明始于对火的使用。借助燃烧现象，人类知道了能源燃烧所带来的能量变化，并由此开始了物质文明的创造过程。伴随着能源的开发、利用，人类社会逐渐从刀耕火种的远古时代走向现代文明。人们通常把人类使用能源的历史大致分为四个时期：

柴草时期

第一时期：柴草时期。

大约50万年前，人类学会了使用工具和火，特别是学会了用火来取暖和做饭。此时的燃料主要是树枝、杂草等，能源利用进入了漫长的柴草时代。从火的发现到18世纪产业革命期间，树枝、杂草一直是人类使用的主要能源。柴草不仅能烧烤食物，驱寒取暖，还被用来烧制陶器和冶炼金属，人类一直以人力、畜力和极少量的水车、风车为动力，从事手工生产和交通运输。这一时期生产力低下，人类基本受制于大自然。

能源中煤炭和石油、天然气的重要性虽已居首位，但柴草作为生活能源却从未间断过，不少发展中国家的农牧民至今仍以柴灶为主。在能源危机的呼唤中，这种最古老的能源品种，又以它的易再生而再度受到关注。可以说人类是在利用柴火的过程中产生了支配自然的能力而成为万物之灵的。

建设绿色城市

第二时期：煤炭时期。

煤炭被大规模开采并使其成为世界的主要能源则是18世纪中叶的事了。意大利人马可·波罗在《东方见闻记》中记载了中国可燃的"黑石头"，即煤。其实，中国人早在一千多年前就开始使用煤。煤气灯的利用结束了人类的漫漫长夜。从18世纪中叶瓦特发明蒸汽机开始，煤炭作为蒸汽机的动力之源而受到关注，继而一跃成为第二代主体

石油时代

能源。第一次工业革命期间，冶金工业、机械工业、交通运输业、化学工业等的发展，使煤炭的需求量与日俱增，使纺织、冶金、采矿、机械加工等产业获得迅速发展。同时，蒸汽机车、轮船的出现使交通运输业得到巨大的发展。通过大规模使用机器，欧洲国家率先进入工业社会。直至20世纪40年代末，在世界能源消费中煤炭仍占首位。以煤炭作为主要的动力能源，人类开始对大自然进行大规模改造。

第三时期：石油时期。

可再生能源时期

从19世纪末开始，以发明内燃机和电力为代表，人类进入以石油为主要能源的时代。工业革命带来了巨大的科技进步。1854年，美国宾夕法尼亚州打出了世界上第一口油井，现代石油工业由此发端。1886年，德国人本茨和戴姆勒研制

成以汽油为燃料、内燃机驱动的世界上第一辆汽车，从此开始了大规模使用石油的汽车时代。在美国、中东、北非等地区相继发现了大油田及伴生的天然气，每吨原油产生的热量比每吨煤高一倍。石油炼制得到的汽油、柴油等是汽车、飞机用的内燃机燃料。世界各国纷纷投资石油的勘探和炼制，新技术和新工艺不断涌现，石油产品的成本大幅度降低，发达国家的石油消费量猛增。到20世纪60年代初，在世界能源消费统计表里，石油和天然气的消耗比例开始超过煤炭而居首位。以石油和电能为基础，汽车、轮船、飞机、电力机车、发电站以及电话、电视、电子计算机等信息设备的发明和使用，将人类快速推进到现代文明时代。

第四时期：可再生能源时期。

进入21世纪，人类进入信息社会，也同时逐渐进入了利用可再生能源的时代。在使用石油、煤、天然气等化石能源以及核能的同时，水能以及太阳能、风能、生物质能等可再生能源也逐渐走上历史舞台。由于传统的化石能源面临枯竭，人类正在积极地开发可再生的新能源，尽管目前人类仍处于石油能源时期，但按照当前的发展趋势预测，到21世纪中叶，很可能形成包括水能、太阳能、风能、生物质能等可再生能源以及核能的多种能源联合利用体系，可再生能源将至少占社会总能源需求的一半。

以上四个时期，前三个时期人类已经经历过，第四个时期是人们的主观臆测，能否实现，还有赖于人类社会意愿的集聚和相关材料科学、技术水平的提升。但是，不管怎样，以太阳能、风能、水能、潮汐能、地热能、

沼气广泛应用

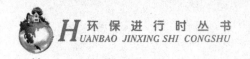
生物质能为存在形式的可再生能源已经进入人类的视野，其大规模地开发、利用已箭在弦上。

其实，以自然界各种自然现象为实质的各种可再生能源一直在我们身边，为什么我们以前就没有发现呢？

回顾历史，深入思考可再生能源被人类重视的过程，我们不禁"喜忧参半"："喜"的是可再生能源被发现、利用首先离不开人类认知能力、科技水平的提高，没有相关技术、手段的支撑，我们身边的自然现象不可能成为可被利用的能源，"忧"的是人类对可再生能源的探求缘于对能源的过度贪婪——从人类社会能源利用的历史来看，人类对能源的利用一直呈索求无度的扩张态势，以为这是地球给予人类的恩赐，取之不尽。直到20世纪70年代的能源危机，人们在心惊胆战之余开始痛定思痛，把目光投向寻求常规化石能源的替代品。同时，由于全球城市化进程的不断加快，能源价格一再飙升，不管是发展中国家还是发达国家，都将在不远的未来，面临能源供应不足、不能满足经济发展需要的困境。况且，大规模使用煤、石油等化石能源会产生大量的温室气体，会污染环境。

能源消耗的过度和科技水平的提升促成了人们对可再生能源在全球范围内的关注。各国都将大规模开发、利用可再生能源当作能源战略的重要组成部分。以太阳能、风能、水能、潮汐能、地热能、生物质能为主的可再生能源具有使用过程清洁、无温室气体排放、可循环使用、不会枯竭的巨大优势，是大自然慷慨赋予人类的礼物，是人类社会摆脱全球能源危机的重要寄托，它将给人类社会的生存方式带来革命性的影响。同时，减少化石燃料的消耗是世界低碳经济发展的主要目标之一，提高终端能效、增加清洁能源的供应和消费比例是各国城市实现低碳转型最直接的体现。

可再生能源是指可以再生的能源总称，包括生物质能源、太阳能、光能、风能、沼气等，严格来说，可再生能源是任何人类历史时期都不会耗尽的能源。可再生能源不包含现时有限的能源，如化石燃料和核能。大部分的可再生能源其实都是太阳能的储存。

中国可再生能源资源丰富，具有大规模开发的资源条件和技术潜力，可以为未来社会和经济发展提供足够的能源。例如，中国水能可开发的装机容量和年发电量均居世界首位；太阳能较丰富，年辐射量超过6000千瓦/平方米，每年地表吸收的太阳能大约相当于1.7万亿千瓦的能量；风能资源量约为16亿千瓦，初步估算可开发、利用的风能资源约10亿千瓦，按德国、西班牙，丹麦等风电发展迅速的国家的经验进行类比分析，中国可供开发的风能资源量可能超过30亿千瓦；海洋能资源技术上可利用的资源量估计约为4亿～5亿千瓦；地热资源的远景储量为1353亿千瓦，探明储量为31.6亿千瓦；现有生物质能源包括秸秆、薪柴、有机垃圾和工业有机废物等，资源总量达7亿千瓦，通过品种改良和扩大种植，生物质能的资源量可以在此水平上再翻一番。

随着越来越多的国家采取鼓励可再生能源利用的政策和措施，可再生能源的生产规模和使用范围正在不断扩大，2007年全球可再生能源发电能力达到了24万兆瓦，比2004年增加了50%。截至2006年年底，中国可再生能源年利用量总计为2亿吨标准煤，约占中国一次能源消费总量的8%，比2005年上升了0.5个百分点。

2007年至少有六十多个国家制定了促进可持续能源发展的相关政策，欧盟已确立了到2020年实现可持续能源占所有能源20%的目标，而中国也确立了到2020年使可再生能源占总能源的比重达到15%的目标。2007年，全球

太阳能热水器

环保进行时丛书
HUANBAO JINXING SHI CONGSHU

并网太阳能发电能力增加了52%，风能发电能力增加了28%。全球大约有5000万个家庭使用安放在屋顶的太阳能热水器获取热水，250万个家庭使用太阳能照明，2500万个家庭利用沼气做饭和照明。

根据中国中长期能源规划，2020年之前，中国基本上可以依赖常规能源满足对国民经济发展和人民生活水平提高的能源需要，到2020年，可再生能源的战略地位将日益突出，届时需要可再生能源提供数亿吨乃至十多亿吨标准煤所能提供的能源。因此，中国发展可再生能源的战略目的将是最大限度地提高能源供给能力，改善能源结构，实现能源多样化，切实保障能源供应安全。

在当今技术条件和物质条件下可再生能源的广泛利用，还有许多需要跨越的障碍。

首要障碍是高昂的前期成本，特别是一些设备安装的投入，如光伏发电板、风力发电装置等。据相关统计，以目前的产品寿命和发电效率来看，如果没有国家政策的补助，太阳能光伏发电板很难在其产品寿命内收回前期成本投入。

其次是能源的生产、使用在时间、地点上的不匹配所带来的障碍。例如，某地城市冬季需要热能，却因日照不足、太阳能光热转换效率低下而满足不了使用需求。而在夏季，建筑不需要太多热能，但是日照却很充裕，可以产生大量热能。又如，在远离城市的野外、海边等空旷地带，风能资源很充沛，可以产生很多能源，却没有使用者，而在城市密集地带，用能的

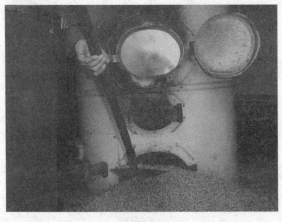

生物质能

需求很多，却没有有效的可利用资源……

可再生能源大量利用的障碍还存在于一些技术、政策方面的制约。例如，许多风能、太阳能的利用需要先进的能量储存和传输技术，并需要国家政策的扶持，允许可再生能源生产的电能并入电网。

虽然有着各种障碍，可再生能源的利用可能性仍在逐步加大，其趋势将不可逆转。

生物质能的利用：步伐加快

生物质是指通过光合作用而形成的各种有机体，包括所有的动植物和微生物。而所谓生物质能，就是太阳能以化学能的形式贮存在生物质中的能量，即以生物质为载体的能量。它直接或间接地来源于绿色植物的光合作用，是一种可再生能源。

目前，很多国家都在积极研究和开发、利用生物质能。生物质能蕴藏在植物、动物和微生物等可以生长的有机物中，它是由太阳能转化而来的。地球上的生物质能资源较丰富，而且是一种无害的能源。地球每年经光合作用产生的物质有1730亿吨，其中蕴含的能量相当于全世界能源消耗总量的10～20倍，但目前的利用率不到3%。

依据来源的不同，可以将适合于能源利用的生物质分为林业资源、农业资源、生活污水和工业有机废水、城市固体废物、畜禽粪便，还有沼气等几大类。生物质能具有可再生性、低污染性及广泛分布性。

生物质能一直是人类赖以生存的重要能源，它是仅次于煤炭、石油和天然气而居于世界能源消费总量第四位的能源，在整个能源系统中占有重要地位。有关专家估计，生物质能极有可能成为未来可持续能源系统的组成部分，到21世纪中叶，采用新技术生产的各种生物质替代燃料将占全球总能耗的40%以上。

目前人类对生物质能的利用，包括直接用做燃料的有农作物的秸秆、

建设绿色城市

薪柴等；间接作为燃料的有农林废弃物、动物粪便、垃圾及藻类等，它们通过微生物作用生成沼气，或采用热解法制造液体和气体燃料，也可制造生物炭。

取之不尽的低碳能源：风能

风能是地球表面大量空气流动所产生的动能。由于地面各处受太阳辐照后气温变化不同和空气中水蒸气的含量不同，因而引起各地气压的差异，在水平方向高压空气向低压地区流动，即形成风。在自然界中，风是一种可再生、无污染且储量巨大的能源。随着全球气候变暖和能源危机，各国都在加紧对风力的开发和利用，尽量减少二氧化碳等温室气体的排放，保护我们赖以生存的地球。

据估算，全世界的风能总量约1300亿千瓦，中国的风能总量约16亿千瓦。风能资源受地形的影响较大，世界风能资源多集中在沿海和开阔大陆的收缩地带，如美国的加利福尼亚州沿岸和北欧一些国家，中国的东南沿海、内蒙古、新疆和甘肃一带风能资源也很丰富。新疆达坂城风力发电站1992年已装机5500千瓦，是中国最大的风力电站。

风力发电

风能的利用主要是以风能作动力和风力发电两种形式，其中又以风力发电为主。

丹麦最早利用风力发电，而且使用较普遍。虽然丹麦只有五百多万人口，却是世界风能发电大国和发电风轮生产大国。世界1/2的大风轮生产厂家在丹麦，世界60%以上的风轮制造厂都在使用丹麦的技术，丹麦是名副其实的"风车大国"。

截至2006年年底，世界风力发电总量居前3位的分别是德国、西班牙和美国，三国的风力发电总量占全球风力发电总量的60%。

此外，风力发电逐渐走进居民住宅。在英国，迎风缓缓转动叶片的微型风能电机正在成为一种新景观。家庭安装微型风能发电设备不但可以为生活提供电力，节约开支，还有利于环境保护。堪称世界"最环保的住宅"就是由英国著名环保组织"地球之友"的发起人马蒂·威廉历时5年建造成的，其住宅的迎风院墙前就矗立着一个扇状涡轮发电机，随着叶片的转动，不断将风能转化为电能。

风能的优点是产业和基础设施发展较为成熟，是可再生资源，成本较低，因为风力发电没有燃料问题，也不会产生辐射或空气污染。其缺点是风能利用受较大的地理位置限制，它属于间歇性资源，并非所有地区都有效，且干扰雷达信号，噪音大，风速不稳定，产生的能量大小不稳定，转换效率低，能量存储成本较高。

前途无量的太阳能

太阳能是取之不尽、用之不竭的资源，如果人类能够合理加以利用，不仅能满足自身的能源需求，还会给子孙后代留下一笔宝贵的财富。德国弗劳恩霍夫太阳能系统研究所主任韦伯表示："人类目前大约需要16兆兆瓦的电能，到2020年预计这一数字会达到20兆兆瓦，而地球陆地上所产生的太阳能是12万兆兆瓦。从这点来看，太阳能实际上是取之不尽的。"太阳能的利用分为太阳能光电利用和光热利用。

太阳能光电利用的方法有两种，一是使用凹面镜或者由电脑控制的平面日光反射镜将阳光集中到接收器上，然后产生蒸汽；二是利用半导体制成的光伏太阳能电池板将太阳能直接转化为电能。两种方法各有利弊：目前蒸汽管道聚光发电比光伏电池板效果好，但它要求有广阔的场地及较长的能源传输线，而光伏电池板可以直接放置在屋顶上。太阳能光伏板组件是一种暴露在阳光下便会产生直流电的发电装置，几乎由全部以半导体物料制成的薄身固体光伏电池组成。由于没有活动的部分，故可以长时间操作而不会导致任何损耗。简单的光伏电池可为手表及计算机提供能源，较复杂的光伏系统可为房屋提供照明，并为电网供电。光伏板组件可以制成不同形状，而组件又可连接以产生更多电力。近年来，天台及建筑物表面均会使用光伏板组件，甚至被用做窗户、天窗或遮蔽装置的一部分，这些光伏设施通常被称为附设于建筑物的光伏系统。

太阳能发电是一种新兴的可再生能源利用方式，人们可以使用太阳能电池，通过光电转换把太阳光包含的能量转化为电，也可以使用太阳能热水器，利用太阳光的热量加热水，并利用热水发电。现在，太阳能的利用还不是很普及，利用太阳能发电还存在成本高、转换效率低的问题，但是太阳能电池在为人造卫星提供能源方面得到了应用。

太阳能光电利用

20世纪80年代中期，许多科学家开始致力于提高太阳能光伏板的效率。美国国家可再生能源实验室的科学家们发现不同的半导体能吸收不同的太阳光束。有科学家在镜面上涂上一层磷化铟镓和砷化铟镓的化合物，制造出一种新型的光伏太阳能电池板，该种太阳能板将太阳能利用率提高到40.8%，创造了历史记录，至今没人能打破。但由于该技术工艺复杂，难以投入大规模生产。而太阳能凹面镜的价格也是非常高，每平方厘米的价格达到1万美元，高昂的价格使人望而却步。另一种方法可以降低成本，但是必须牺牲效率。美国First Solar和Nano Solar公司研发的薄膜太阳能面板所需的原材料更少，这样能大大降低制造成本，从而使太阳能电力价格降至1美元每瓦。这一价格几乎接近火力发电的成本。

现代的太阳热能利用科技将阳光聚合，并运用其能量产生热水和蒸气。除了运用适当的科技收集太阳能外，建筑物亦可利用太阳的光能和热能，方法是在设计时加入合适的装备，例如巨型的向南窗户或使用能吸收及慢慢释放太阳热力的蓄热型建筑材料。

人类对太阳能的利用有着悠久的历史。中国早在两千多年前的战国时期，就知道利用四面镜聚焦太阳光来点火；利用太阳能干燥农副产品。发展到现代，太阳能的利用已日益广泛，它包括太阳能的光热利用、太阳能的光电利用和太阳能的光化学利用等。太阳能的利用有光化学反应、被动式利用两种方式。

太阳能的优点是没有地域的限制，可直接开发和利用，且毋需开采和运输，利用太阳能不会污染环境，它是最清洁的能源之一，每年到达地球表面的太阳辐射能约相当于130万亿吨标准煤，其总量属现今世界上可以开发的最大规模的能源，根据目前太阳产生的核能速率估算，氢的贮量足够维持上百亿年，而地球的寿命也约为几十亿年，从这个意义上讲，可以说太阳的能量是用之不竭的。

太阳能光热利用

太阳能作为一种可被利用的能源也有着如下缺点：分散性，即到达地球表面的太阳辐射的总量尽管很大，但是能流密度很低；不稳定，由于受到昼夜、季节、地理纬度和海拔高度等自然条件的限制以及晴、阴、云、雨等随机因素的影响，到达某一地面的太阳辐照度既是间断的，又是极不稳定的，这给太阳能的大规模应用增加了难度。

为了使太阳能成为连续、稳定的能源，最终成为能够与常规能源相竞争的替代能源，就必须很好地解决蓄能问题，即把晴朗白天的太阳辐射能尽量贮存起来，以供夜间或阴雨天使用，但目前蓄能也是太阳能利用中较为薄弱的环节之一。太阳能利用的效率低，成本高，在今后相当一段时期内，太阳能利用的进一步发展，将主要受到经济因素的制约。

水能的利用

水能大有作为

水能是一种可再生能源。广义的水能资源包括河流水能、潮汐水能、波浪能、海流能等能量资源；狭义的水能资源指河流的水能资源。水能是常规能源，一次能源。人们目前最易开发和利用的、比较成熟的水能是河流能源。

水能主要用于水力发电，水的落差在重力作用下形成动能，从河流或水库等高位水源处向低位处放水，利用水的压力或者流速冲击水轮机，使之旋转，从而将水能转化为机械能，然后再由水轮机带动发电机旋转，切割磁感线产生交流电。

　　水能的优点在于其是可以再生的能源，能年复一年地循环使用。而煤炭、石油、天然气都是消耗性能源，经过逐年开采，剩余的越来越少，直至完全枯竭。水能发电成本低，效率高，投资回收快，大中型水电站一般3～5年就可收回全部投资。水能没有污染，是一种干净的能源。水电投资低，施工工期也不长，属于短期近利工程，可按需供电。水能也可以改善河流航运，提供灌溉用水。例如美国田纳西河的综合发展计划是美国首个大型水利工程，带动了该地区整体的经济发展。

　　不利的方面有水能分布受水文、气候、地貌等自然条件的限制大。水容易受到污染，也容易被地形、气候等多方面因素所影响；水流易形成生态破坏，如大坝以下水流的侵蚀，加剧河流的变化及对动植物的影响等；水利工程需筑坝移民，基础建设投资大，搬迁任务重；此外，在降水季节变化大的地区，少雨季节发电量会减少甚至停止发电。

　　水力发电是现代城市重要能源的来源之一，尤其在我国这样河流较多的国家。此外，我国有很长的海岸线，也很适合用来作潮汐发电。

　　海洋能通常指蕴藏于海洋中的可再生能源，主要包括潮汐能、波浪能、海流能、海水温差能、海水盐差能等。海洋能蕴藏丰富、分布广、清洁无污染，

地热能的利用

但能量密度低、地域性强，因而开发困难并有一定的局限。开发、利用的

方式主要是发电，其中潮汐发电和小型波浪发电技术已经实用化。波浪能发电利用的是海面波浪上下运动的动能。1910年，法国的普莱西克发明了利用海水波浪的垂直运动压缩空气，推动风力发动机组发电的装置，把1千瓦的电力送到岸上，开创了人类把海洋能转变为电能的先河。目前人类已开发出60千瓦～450千瓦的多种类型的波浪发动装置。

不可小视的地热能

地热能是由地壳抽取的天然热能。这种能量来自地球内部的熔岩，并以热力形式存在，是引致火山爆发及地震的能量。仅地下10千米厚的一层，储热量就达1.05×10^{26}焦耳，相当于9.95×10^{15}吨标准煤所释放的热量。地球内部的温度高达7000℃，而在80千米～100千米的深处，温度会降至650℃～1200℃。透过地下水的流动和熔岩涌至离地面1千米～5千米的地壳，热力得以被转送至较接近地面的地方。高温的熔岩将附近的地下水加热，这些加热了的水最终会渗出地面。我们生活的地球是一个巨大的地热库，地热能在世界很多地区应用相当广泛。老的技术现在依然富有生命力，新技术业已成熟并且不断完善。在能源开发和技术转让方面，未来的发展潜力相当大。地热能天生就储存在地下，不受天气状况的影响，既可作为基本负荷能使用，也可根据需要提供使用。运用地热能最简单和最合乎成本效益的方法就是直接取用这些热源，并抽取其能量。地热能是可再生资源。

地热能的利用可分为地热发电和直接利用两大类，而对于不同温度的地热流体可利用的范围如下：

1. 200℃～400℃，直接发电及综合利用；

2. 150℃～200℃，双循环发电，制冷，工业干燥，工业热加工；

3. 100℃～150℃，双循环发电，供暖，制冷，工业干燥，脱水加工，回收盐类，罐头食品；

4．50℃～100℃，供暖，温室，家庭用热水，工业干燥；

5．20℃～50℃，沐浴，水产养殖，饲养牲畜，土壤加温，脱水加工。

现在许多国家为了提高地热利用率，而采用梯级开发和综合利用的办法，如热电联产联供、热电冷三联产、先供暖后养殖等。

人类很早以前就开始利用地热能，例如利用温泉沐浴、医疗，利用地下热水取暖、建造农作物温室、水产养殖及烘干谷物等。但人们真正认识地热资源并进行较大规模的开发利用却始于20世纪中叶。

蒸汽型地热发电

1．地热发电

地热发电是地热利用的最重要方式。高温地热流体首先被应用于发电。地热发电和火力发电的原理是一样的，都是利用蒸汽的热能在汽轮机中转变为机械能，然后带动发电机发电。所不同的是，地热发电不像火力发电那样需要装备庞大的锅炉，也不需要消耗燃料，它所用的能源就是地热能。地热发电的过程，就是首先把地下热能转变为机械能，然后再把机械能转变为电能的过程。要利用地下热能，首先需要有"载热体"把地下的热能带到地面上来。目前能够被地热电站利用的载热体主要是地下的天然蒸汽和热水。按照载热体的类型、温度、压力和其他特性的不同，可把地热发电的方式划分为蒸汽型地热发电和热水型地热发电两大类。

（1）蒸汽型地热发电

蒸汽型地热发电是把蒸汽田中的干蒸汽直接引入汽轮发电机组发

电,但在引入发电机组前应把蒸汽中所含的岩屑和水滴分离出去。这种发电方式最简单,但干蒸汽地热资源十分有限,且多存于较深的地层,开采技术难度大,故发展受到限制。该类发电主要有背压式和凝汽式两种发电系统。

(2)热水型地热发电

热水型地热发电是地热发电的主要方式。目前热水型地热电站有两种循环系统:①闪蒸系统。当高压热水从热水井中被抽至地面,由于压力降低,部分热水会沸腾并"闪蒸"成蒸汽,蒸汽被送至汽轮机做功;而分离后的热水可继续利用后排出,当然最好是再回注地层。②双循环系统。地热水首先流经热交换器,将地热能传给另一种低沸点的工作流体,使之沸腾而产生蒸汽。蒸汽进入汽轮机做功后进入凝汽器,再通过热交换器而完成发电循环。地热水则从热交换器回注地层。这种系统特别适合于含盐量大、腐蚀性强和不凝结气体含量高的地热资源。发展双循环系统的关键技术是开发高效的热交换器。

2. 地热供暖

将地热能直接用于采暖、供热和供热水是仅次于地热发电的地热利用方式。因为这种利用方式简单、经济性好,备受各国重视,特别是位于高寒地区的西方国家。在这些国家中冰岛是开发、利用得最好的国家。该国早在1928年就在首都雷克雅未克建成了世界上第一个地热供热系统,如今这一供热系统已发展得非常

地热供暖 绿色方便

完善，每小时可从地下抽取7740吨80℃的热水，供全市11万居民使用。由于没有高耸的烟囱，冰岛首都已被誉为"世界上最清洁无烟的城市"。此外，利用地热给工厂供热，如用做干燥谷物和食品的热源，用做硅藻土、木材、造纸、制革、纺织、酿酒、制糖等生产过程的热源，也是大有前途的。目前世界上最大的两家地热应用工厂就是冰岛的硅藻土厂和新西兰的纸浆加工厂。中国利用地热供暖和供热水发展得也非常迅速，在京津地区，地热利用已成为较普遍的供暖方式。

3．地热务农

地热在农业中的应用范围十分广泛。如利用温度适宜的地热水灌溉农田可使农作物早熟、增产；利用地热水养鱼，在28℃水温下可加速鱼的育肥，提高鱼的出产率；利用地热建造温室，育秧、种菜和养花；利用地热给沼气池加温，提高沼气的产量等。将地热能直接用于农业在中国日益被接受，北京、天津、西藏和云南等地都建有面积不等的地热温室。各地还利用地热大力发展养殖业，如培养菌种、养殖非洲鲫鱼、鳗鱼、罗非鱼、罗氏沼虾等。

4．地热行医

地热在医疗领域的应用也有诱人的前景，目前热矿水就被视为一种宝贵的资源，世界各国都很珍惜。由于地热水是从很深的地下提取到地面，除温度较高外，常含有一些特殊的化学元素，从而使它具有一定的医疗效果。如饮用含碳酸的矿泉水，可调节胃酸、平衡人体酸碱

地热温泉

度；饮用含铁矿泉水，可治疗缺铁贫血症；用氢泉、硫化氢泉洗浴可治疗神经衰弱、关节炎和皮肤病等。由于温泉的医疗作用及伴随温泉出现的特殊的地质、地貌条件，使温泉常常成为旅游胜地，吸引大批疗养者和旅游者。在日本就有一千五百多个温泉疗养院，每年吸引1亿人去休养。中国利用地热治疗疾病的历史悠久，含有各种矿物元素的温泉众多，因此充分发挥地热的医疗作用，发展温泉疗养行业是大有可为的。

　　未来，随着与地热利用相关的高新技术的发展，人们将更精确地查明更多的地热资源，钻更深的钻井，将地热从地层深处取出，因此地热利用必将进入一个飞速发展的阶段。

　　地热能的优点是在某些地区为常年可再生能源，是家居采暖的高效方式，且硬件设备使用寿命长。缺点是只在特定地区适用，在应用中要注意地表的热应力承受能力，不能形成过大的覆盖率，因为这会对地表温度和环境产生不利的影响，且有可能在数年后枯竭，某些地区还可能释放有毒气体。

第五章

低碳，让我们的城市实现可持续发展

一、城市也要"可持续"

"可持续发展"是指"既能满足当代人的需求，又不对满足后代人需求的能力构成危害的"发展。这个概念是在1987年由世界环境与发展委员会向联合国提交的一份题为《我们共同的未来》的报告中提出的，它有两个基本点：一是必须满足当代人特别是穷人的需求，否则他们就无法生存；二是今天的发展不能损害后代人满足需求的能力。这一定义包含的思想原则为世界各国所接受和运用。

可持续发展就是可持续经济、可持续生态和可持续社会三方面的协调统一，它要求人类在发展中讲究经济效率、关注生态和谐、追求社会公平，最终达到人的全面发展。这表明，可持续发展虽然起源于环境保护问题，但它已经超越了单纯的环境保护。它将环境问题与发展问题有机地结合起来，成为一个有关社会经济发展的全面性战略。可持续经济要求我们改变传统的以"高投入、高消耗、高污染"为特征的生产模式和消费模式，实施清洁生产和文明消费。做到了可持续经济，就能保护和改善地球生态环境，保证以可持续的方式使用自然资源，降低环境成本，使人类的发展控制在地球承载能力之内，达到可持续生态。生态可持续发展同样强调环

可持续发展

境保护，但不同于以往将环境保护与社会发展对立的做法。可持续发展要求通过转换发展模式，从人类发展的源头、从根本上解决环境问题。发展的本质应包括改善人类生活质量，提高人类健康水平，创造一个保障人类平等、自由、教育、人权和免受暴力的社会环境，而不是要人类放弃高科技和现代化，再回到茹毛饮血的原始社会中去。这也就是我们所追求的可持续发展社会。

工业化的道路

总之，在可持续发展中，经济可持续是基础，生态可持续是条件，社会可持续才是目的。

19世纪中叶，西方国家先后走上了工业化的道路。在这之后的一百多年中，人类创造了比人类有史以来创造的还要多的物质财富，人类被一种假象所迷惑：似乎自然环境可以向人类提供无限的自然资源和环境服务，人类可以随意支配和利用自然资源与环境，人类对环境无需承担责任、无需管理，只需索取和改造。在这段时间内，人类开始大规模改变环境的组成和结构，改变环境中的物质、能量和信息的传递系统；也开始大规模无限制地开发自然资源，同时向环境排入一些原来自然界所没有的化学合成物质。这使得人类在享受现代工业化革命所带来的巨大物质财富的同时，也开始遭受到环境的报复。发生在20世纪中期举世闻名的"八大公害事件"就是最好不过的证明。

人类已开始认识到：人和自然是有机整体，人类任何作用于自然的行动都会引起自然的反应。虽然支配经济活动的是经济规律，但绝不能违反自然规律，不能不考虑经济活动将给自然造成的后果。人和自然的关系已不是谁主宰谁的关系了，如果人类奴役自然，得到的将是加倍的惩罚。

1972年6月，在瑞典斯德哥尔摩召开了第一次人类环境会议，在这次大会上通过了著名的《人类环境宣言》。如果将今天的时代称为"环境时代"的话，那么斯德哥尔摩会议可以说就是环境时代最重要的里程碑。

同年，《增长的极限》发表。该报告虽然有些不足，但它尖锐地指出地球潜在的危机及人类所面临的困境，使得人们对发展过程中人与自然的不协调有了一个清醒的认识，有力地促进了全球的环境运动，也促使人们开始思考和自问：人类的发展能否继续下去？我们过去的发展模式是否是可持续的？我们应该寻找一个什么样的发展模式去解决人类社会所面临的困境？

可持续发展作为科学术语第一次被明确地阐述是在1980年《世界资源保护》大纲中，它改变了过去就保护论保护的做法，而是把资源保护和经济发展很好地结合起来，发展经济以满足人类的需要和改善人们的生活质量，保护性地合理利用生物圈。两者结合的目的是既要使目前这一代人得到最大的持久性利益，又要保持其潜力，以满足后代的需要和愿望。这一定义为可持续发展的概念奠定了基本的轮廓。

《增长的极限》

1987年，世界环境与发展委员会向联合国提交了一份题为《我们共同的未来》的报告。可持续发展的思想——既满足当代人的需求，

环保进行时丛书
HUANBAO JINXING SHI CONGSHU

又不损坏子孙后代满足其需求能力的发展贯穿了整个报告，它对当前人类发展与保护方面存在的问题进行了全面系统的评价，并对可持续发展概念的形成和发展起到了重要的推动作用。

此后，"可持续发展"的思想就像狂飙一样席卷全球，并成为1992年召开的联合国环境与发展大会的理论基调。这是人类一次具有里程碑意义的大会，183个国家和地区、数十个国际组织和非政府组织的代表参加，盛况空前。会议通过了一系列决议和文件，特别是《21世纪议程》，它第一次把可持续发展由理论和概念推向行动：以可持续发展为指导思想，就政治平等、消除贫困、环境保护、资源管理、生产方式、立法、国际贸易、公众参与以及加强能力建设和国际合作等方面进行了讨论，在许多重要行动领域达成共识。

二、城市发展花环——"绿色文明"

当前，国际上兴起了一股"绿色浪潮"，冠以"绿色"的众多新名词如雨后春笋层出不穷。其中在科学技术领域，出现了"绿色技术"这一新名词。

"绿色技术"是一种形象的说法，它实质上是指能够促进人类长远生存和发展，有利于人与自然共存共荣的科学技术。它不仅包括硬件，如污染控制设备、生态监测仪器以及清洁生产技术，还包括软件，如具体操作方式和运营方法，以及那些旨在保护环境的工作与活动。

根据绿色技术对环境的不同作用，可将绿色技术分为3个层次：末端治理技术、清洁工艺、绿色产品。

末端治理技术是指通过对废弃物的分离、处置和焚化等手段，减少废

建设绿色城市

弃物污染的技术，如烟气脱硫技术。清洁工艺是指在生产过程中采用先进的工艺与减少污染物的技术，它主要包括原材料替代、工艺技术改造、强化内部管理和现场循环利用等类型。绿色产品是指产品的消费过程不会给环境带来危害，它主要包括以下三个层次的含义：产品的消费过程和消费后的残余物及有害物质最少化；可拆卸型设计；产品回收后再循环利用。

绿色技术有四个基本特征。首先，绿色技术不是只指某一单项技术，而是一整套技术。不仅包括生态农业、清洁生产，

绿色技术应用——新概念汽车

也包括生态破坏防治技术、污染防治技术以及环境监测技术等，这些技术之间又互有联系。其次，绿色技术具有高度的战略性，它与可持续发展战略密不可分，绿色技术的创新与发展是实现可持续发展的根本途径。第三，随着时间的推移和科技的进步，绿色技术本身也在不断变化和发展。尤其是作为绿色技术根据的环境价值观念会不断发生变化，技术也就会随之变化。第四，绿色技术和高新技术关系密切。高新技术可以在绿色技术中找到许多用武之地，两者互相结合，才能更好地推进人类社会的发展。

人类文明历经沧桑：最早的农业文明破坏了森林、草原等植被，使大片的黄土地裸露，所以人们把它称为"黄色文明"；后来的工业文明造成了严重的环境污染，使天空变得黑烟弥漫，水体变得乌黑发臭，所以人们把它称为"黑色文明"；而现在，人们正努力建设"绿色文明"，呼唤人与自然的和谐相处、环境与经济的协调发展。只有重视绿色技术，不断地

研究、推广绿色技术，才能使地球恢复青春。

"绿色发电"、"清洁生产"就是"绿色文明"的重要构成。

"绿色发电设备"并不是指把发电设备涂上绿的颜色，而是另有所指。让我们看看以色列宣称的绿色发电设备，便明白了。原来它指的是地热发电和工业余热发电。地热发电当然无可多说，这余热发电就动了一番脑筋。如他们将一套发电设备由两台汽轮机组成，一台高温的，一台低温的，高温蒸汽在高温汽轮机中出来后，并不让它溜走，而是让它再去带动低温汽轮机，就好像穷人家孩子多时，老大穿过的衣服再让老二穿，甚至让老三老四也穿，直到穿得不能再穿为止。这样做可以节约能源。至于绿色发电设备之名，主要指它无污染。就是说，地热发电无污染，利用工业余热发电则减少了污染，所以冠以"绿色"二字。

"清洁生产"这一术语是在1989年由联合国环境规划署首先提出的，它包括清洁的生产过程和清洁的产品两方面的内容，即不仅要实现生产过程的无污染或少污染，而且生产出来的产品在使用和最终报废处理过程中，也不对环境造成危害。

绿色发电设备

我们人类正面对这样一个尴尬的现实：一方面我们正在耗费巨资来保护环境，控制污染，比如美国每年用于保护环境的投资达800亿～900亿美元，日本达700亿美元以上；另一方面环境仍在向我们发出警告，老的环境问题未彻底解决，新的环境问题又出现了。人们在反省过去所采取的环境保护策略和环境保护科学技术手段时发现，过去更多地把环境保护的重点放在了污染物的"末端"控制和处理上，即已形成污染后再去控制和处理。结果，在社会生产中，有70%～80%的资源最终成为废物进入环境，造成环境污染和生态破坏。如果我们在生产的过程中就对污染物进行控制和预防，使社会需要的最终产品尽量少地成为废物进入环境中，这样就能大大减轻环境污染的程度，并提高资源的利用率。这就是清洁生产的思想。

清洁生产的内涵相当广泛。比如：工厂、企业通过技术改造削减排污量，降低能源消耗，既提高了经济效益，又减少了对环境的污染，节省了治理环境的费用；通过清洁生产，大量降低工业用水和矿产资源的消耗，改变中国目前能源生产、消费结构以煤为主的现状；推广"绿色产品"，最典型的是生产和使用可降解塑料，消除"白色污染"等。

发达国家在推进清洁生产方面已走在我们前面。如美国，自1970年以来，人口增长了22%，国民生产总值增长了约75%，而能源消耗量仅增长了不到10%。同时，美国大气中的铅、烟尘、一氧化碳和二氧化碳的含量均大幅度下降，其他气体排放物的含量保持稳定。20世纪70年代污染严重的河流，绝大部分已获得再生。这是美国重视清洁生产的结果。

清洁生产是对保护环境认识上的一个飞跃，是治"本"，而不是治"标"。中国工业发展和资源、环境的特点表明，要保持经济的持续稳定发展，就必须摒弃过去那种高消耗、高投入的发展模式，要大力推行清洁生产，走技术进步、提高经济效益、节约资源的集约化道路。

建
设
绿
色
城
市

三、绿色生活与绿色消费

　　绿色，这种象征大自然、象征健康的颜色，正以其独特的美丽，滋润着我们的生活，提升着我们的生活质量。在现代生活中，"绿色"已远远超出了绿化的概念，它已融入人们的衣食住行中，崇尚"绿色"已成为潮流。　环境的恶化对人类饮食上的威胁最为直接，于是，一类安全、营养、无公害食品进入了我们的生活领域。这类食品被称为"绿色食品"。截至1999年底中国共开发了一千三百多种绿色食品。还有"绿色家电"，如"绿色冰箱"，不采用污染大气的氟利昂为原料，具有低噪声、节能等特点。另外，被称为"绿色建材"的健康型、环保型、安全型建筑材料，正在逐步取代传统的建筑材料来构筑我们的家园。"绿色建材"不光指建材使用时对人类健康和环境所造成的影响，而且包括其在原料生产过程、施工过程及废弃物处理等环节中对人类环境的影响。

　　汽车是城市的一大污染源，为此人们在努力发展被称为"绿色交

绿色生活

通"的安全、畅通、洁净的交通体系，如地铁、轻轨、液化石油气汽车、新型电力助动车、电车等。相应的"绿色能源"也渗透到现代生活中，如太阳能、天然气的广泛应用。中国的"西气东输"工程，就是将西部储量丰富的清洁燃料——天然气通过巨大的管道输送到东部地区。

为了保护环境，国际上倡导企业在生产中广泛使用"绿色包装"，即对环境无害，能再生利用的包装。同时，在国际贸易中，企业要获得环境质量认证的ISO 14000"绿色通行证"，才能在贸易的数量、价格上不受限制。世界上广泛倡导的"绿色工厂"、"绿色饭店"都已出现在现代生活中。总之，"绿色"正进入现代生活的各个角落。

工业化国家的消费主义在影响着发展中国家，高消费的生活方式被错误地当作一种先进的时尚而被追随。宽敞的住房、私人汽车、名牌服装等成为发展中国家新近富有起来的阶层的标志。而进口食品、冷冻食品、一次性用具、各种家用电器、空调等在寻常人家也越来越普遍。改

绿色消费导向

环保进行时丛书
HUANBAO JINXING SHI CONGSHU

第五章 低碳，让我们的城市实现可持续发展

革开放后，中国的经济迅猛发展，人们的生活水平也有了很大的提高，消费水平随之上升。"满足人们不断增长的物质文化的需要"成为中国经济发展的宗旨。但我们在满足不断增长的物质需要的时候，应该考虑多少算够的问题。人们在评价自己的生活时，总喜欢与身边的其他人相比。实际上，更重要的是考虑自身的需要，而不是别人有什么我也要有什么。我们可以用一种俭朴的方式来实现这些基本需要。例如，用当地生产的产品而非进口产品；采用清洁、节能的交通工具；选购耐用品和可循环使用的产品……广告通常对人的消费有误导作用，商家往往用夸张的语言和不负责任的承诺，吸引人们购买更多的而且可能是不需要的东西。广告甚至成为一种文化来鼓吹着消费主义。在铺天盖地的广告的强大攻势下，人们需要有足够的定力，才能保持清醒，知道自己真正需要什么，而不是在来势凶猛的流行时尚中随波逐流。中国人民已经贫穷得太久，我们渴望过富裕的生活，盼望物质资料的极大丰富，但是工业化国家高消费的生活方式意味着原料和能量的高投入，生产的高污染。如果发展中国家都实现发达国家的消费水平，所造成的环境污染和资源压力是我们的地球所无法承受的。工业化国家尚且对他们的消费方式进行反思，试图改变"太多"这种危害生态环境的方式，我们在向着更高的生活水平迈进之时，如何能够不审慎呢？我们需要创造一种新的消费文化，一种富足而又节俭的生活方式。

本杰明·富兰克林曾经说过："金钱从没有使一个人幸福，也永远不会使人幸福。在金钱的本质中，没有产生幸福的东西。一个人拥有的越多，他的欲望越大。这不是填满一个沟壑，而是制造另一个。"高消费的生活方式是否令人们感到更幸福呢？就像人们常说的：幸福是金钱买不到的。对生活的满足和愉悦之感，不在于拥有多少物质。我们可以看见贫穷而快乐的家庭，也可以看见富有而不幸福的家庭。据心理学家的研究，生活中幸福的主要决定因素与消费没有显著联系。牛津大学心理学家麦克尔·阿盖尔在其著作《幸福心理学》中断定，"真正使幸福不同的生活条件是那些被三个源泉覆盖了的东西——社会关系、工作和闲暇。并且在这些领域中，一种满足的实现并不绝对或相对地依赖富有。事实上，一些迹象表明社会关系，特别是家庭和团体中的社会关系，在消费者社会中被忽略了；闲暇在消费者阶层中同样也比许多假定的状况更糟糕。"因此，我们应该摒弃拥有更多更好的物质便会更满足的想法，因为物质的需求是无限的。而生活的物质需要是可以通过比较俭朴的方式来实现的。幸福和满意之感只能源自于我们自身对家庭生活的满足、对工作的满足以及对发展潜能、闲暇和友谊的满足。既然幸福与消费程度不显著相关，幸福只是一种内心的体验，追求幸福之感则没有必要通过追求物质生活的享受来实现。

一个环境保护主义者从欧洲旅行到中国来，他选择了国际列车而非国际航班。他的理由很简单，因为他有足够的时间旅行，他不想因为乘飞机而消耗更多的能源，从而对高空大气产生坏的影响。这位环保旅行者用他的行动告诉我们，在我们选择看不见的服务的时候，也应该考虑我们获得这些服务的环境和资源代价。

对城市运行来说，公共汽车、地铁和有轨电车，每人每公里使用的能量是私人轿车所用能量的1/8；火车和公共汽车只需要商业喷气式飞机能量的1/10。步行和自行车不会产生生态损害，除了人需要补充食物外也不需要矿物燃料。因此，在我们用步行或自行车就能到达的距离之内，在一个公共交通便捷的地区，为什么不采取一种便宜而又消耗少的方式呢？

高科技的发展带来高消耗生活的同时，也创造了低消耗的服务方式。电话会议就是一种经济、可行的方法。海底光缆连通各个大陆，因特网实现了全球信息共享。对于获取服务方面，我们有众多选择，而环境影响也应该是选择的一个重要考虑因素。

建
设
绿
色
城
市

　　生态学上，将所有的生物划分为3大类：生产者、消费者、分解者。生产者指各种绿色植物，因为它们可以利用太阳的光能和二氧化碳，通过光合作用生成有机物。消费者指各种直接或间接以生产者为食的生物。我们人类被列入消费者的行列。分解者指各种细菌、真菌等微生物，它们分解生产者和消费者的残体，将各种有机物再分解为无机物，归还到大自然中去。整个自然的各种生命，组成了一个完美的循环。随着生产力的发展，人类的消费也逐渐变得越来越复杂。在原始阶段，人类不外乎是采集野果，捕捉猎物，消费的剩余物也是自然界中的东西，很容易被分解者还原到自然中去。而在近代和现代，人工合成了许多自然界不存在的消费品，如塑料、橡胶、玻璃制品等，这些消费品的残余物，被人类抛弃进了大自然中，但分解者还没有养成吃掉它们的"食性"。塑料、橡胶、玻璃等难以腐烂，难以在短期内重新以自然界能消融的形式再返大自然，便作为垃圾堆存下来。另外，我们所使用、所食用的东西，它们的生产过程已经不是纯粹的自然过程，因此，它们的生产，也对环境产生了影响。例如，我们吃的面粉，它的生长过程需要大量的人工、机械，甚至化学药剂的投入。首先，麦种可能是人工培育出的高产杂交品种，需要农业生物学家的研究和育种，种植时需要机械播种，接着在生长过程中为了提高产量可能需要施加化肥，为了抵抗害虫的侵袭而喷洒杀虫剂，为了去除野草使用除草剂，最后还要机械收割，脱壳，再磨成粉，去除麸皮……小麦的生长阶段和面粉的加工过程中，都会对环境产生影响。播种、收割用的机械，需要人工制造，钢铁需要从采矿开始，直到制成机身；机械的开动需要柴油或汽油等能源；未被吸收的化肥会随着径流流入河流、湖泊，造成富营养化；农药会杀死害虫以外的其他生物，还会残留在土壤中，破坏土壤结构，加剧土壤流失；残留在农作物中的农药会进入人类的食物链，影响我们的健康……因此，我们选择生产过程对环境有不同影响的消费品，对环境就有不同的意义。

　　因此，做一个绿色的消费者就意味着在我们选择消费品时，要考虑它们在生产过程、消费过程以及处置过程中对环境的影响，然后选择那些对环境影响最小的消费品。

第五章　低碳，让我们的城市实现可持续发展